Ann-Sophie Griebel

W0089520

Clicker-Training

Ann-Sophie Griebel

Clicker-Training

Die Hundeschule

Impressum

Einbandgestaltung: Petra Pawletko
Titelbild: Stephanie Scheibel, www.pfotos.net (Zarah Sue vom Werntal)

Bildnachweis: Ann-Sophie Griebel: S. 16, 17, 19, 23, 30, 33-35, 46, 47, 65.
Anders Fristedt: S. 51. Dr. Ulrike Hill: S. 26.
Stephanie Scheibel, www.pfotos.net: S. 3, 5-6,8-11, 13, 15, 18, 22, 25, 37, 39, 41-42, 44-45, 48, 53-54, 57-64, 66, 68-69, 71-77, 80, 82-84, 86-91, 95.

Die in diesem Buch enthaltenen Hinweise und Ratschläge beruhen auf jahrelang gemach-ten Erfahrungen und gesammelten Erkenntnisse in praktischer und theoretischer Arbeit mit Hunden. Alle Angaben wurden gründlich geprüft. Eine Haftung der Autorin oder des Verlages und seiner Beauftragten für Personen-, Tier-, Sach- und Vermögensschäden ist ausgeschlossen.

ISBN 978-3-275-01714-0

Copyright © 2009 by Müller Rüschlikon Verlag
Postfach 103743, 70032 Stuttgart
Ein Unternehmen der Paul Pietsch Verlage GmbH+Co
Lizenznehmer der Bucheli Verlags AG, Baarerstr. 43, CH-6304 Zug

1. Auflage 2009

Sie finden uns im Internet unter **www.mueller-rueschlikon-verlag.de**

Nachdruck, auch einzelner Teile, ist verboten. Das Urheberrecht und sämtliche weiteren Rechte sind dem Verlag vorbehalten. Übersetzung, Speicherung, Vervielfältigung und Verbreitung, ein-schließlich Übernahme auf elektronische Datenträger wie DVD, CD-Rom, Bildplatte usw. sowie Einspeicherung in elektronische Medien wie Bildschirmtext, Internet usw. ist ohne vorherige schriftliche Genehmigung des Verlages unzulässig und strafbar.

Lektorat: Claudia König
Innengestaltung: Petra Pawletko
Druck und Bindung: KoKo Produktionsservice, 70900 Ostrava
Printed in Czech Republic

Inhalt

Vorwort

In diesem Buch möchte ich Ihnen Einblick in meine Einfahrungen geben, die ich in meiner Hundeschule »Hunde-Alltag« in Münster (Kreis Darmstadt-Dieburg) sammeln konnte. Seit über zwölf Jahren arbeite ich nach der Philosophie der gewaltfreien Hundeerziehung. Neben der Grundausbildung von Hunden aller Altersklassen gilt meine große Aufmerksamkeit der Arbeit mit Tierheimhunden, Hunden aus zweiter Hand und der Führung von sogenannten Problemhunden.

Ich wende bei meiner Tätigkeit unterschiedlichste Methoden und Techniken an. Seit über zehn Jahren setze ich sehr erfolgreich in geeigneten Situationen auch das Clicker-Training ein. **Entscheidend für den Erfolg bei Hund und Mensch ist letztlich die richtige Wahl der Mittel, zum richtigen Zeitpunkt eingesetzt.** Welches Mittel Sinn macht, ergibt sich durch eine sorgfältige und professionelle Analyse der Probleme zu Beginn der Arbeit mit dem jeweiligen Mensch-Hund-Team.

Der Clicker ist ein sehr wirkungsvolles Hilfsmittel, das sich vor allem beim Lernen im Alltag bewährt hat. Nach entsprechender Anleitung kann man den Clicker schnell und auch ohne Trainer anwenden.

Ziel bei der Arbeit mit dem Clicker ist die Bestärkung/Verstärkung eines positiven Verhaltens durch ein zeitgleich ausgelöstes Click-Geräusch, sobald der Hund das sogenannte »richtige Ansatzverhalten« zeigt. Oftmals zeigt der Hund dieses Verhalten in einer Übungssituation nicht von alleine. Und im Rahmen einer Unterrichtsstunde kann man nicht immer auf das richtige Ansatzverhalten des Hundes warten. Dann versucht man den Hund dahingehend zu motivieren.

Der eigentliche Erfolg zeigt sich, wenn das Erlernte umgesetzt werden konnte. Klappt die Arbeit mit dem Clicker, dann kommt er immer öfter zum Einsatz. Auch im alltäglichen Umgang (wo ich als Trainer nicht dabei bin!) – somit wird das Mensch-Hund-Gespann künftig auf jeden Fall davon profitieren.

Mit dem Clicker steht uns ein positives Erziehungshilfsmittel zur Verfügung, das (auch in Erziehungssackgassen) ganz neue Wege für das Hund-Mensch-Team bedeuten kann. Neben dem oftmals zu hörenden NEIN, den unzähligen Verboten im gemeinsamen Alltag, ist diese Form des Einwirkens ein erfrischend positiver gemeinsamer Weg. Und er führt an beiden Enden der Leine zu einem entspannteren Miteinander.

Aus meiner Sicht kommt mit dem Eintritt in das Junghundealter der erste ideale Zeitpunkt für den Einsatz des Clickers. Bei der Arbeit mit Welpen ist es mir wichtig, dass der Besitzer sich selbst ins Spiel bringt.

Ziel ist der Aufbau einer starken, direkten Bindung zwischen Hund und Mensch. Auch hier wird über die Methode der positiven Verstärkung gearbeitet. Kommt jetzt die Verselbstständigungsphase des Junghundes, steht der Besitzer plötzlich (oft völlig überrascht!) vor der Tatsache, dass der Hund auf einmal nicht mehr hört. Zu diesem Zeitpunkt kann durch gezielten Einsatz von sinnvollen Hilfsmitteln – wie dem Clicker – rasch wirkungsvoll Abhilfe geschaffen werden.

1
Grundsätzliches

- *Geschichte*
- *Warum Clicker-Training?*
- *Wann wird Clicker-Training eingesetzt?*
- *Gibt es Nachteile?*
- *Voraussetzungen*
- *Wichtige Punkte*

Geschichte

Die Arbeit mit dem Clicker wurde von der Amerikanerin Karen Pryor (Zoologin, Delphin-Trainerin und Schriftstellerin) bei der Ausbildung von Delphinen entwickelt.

Das Clicker-Training basiert auf wissenschaftlichen Theorien, die hauptsächlich aus dem Gebiet der Psychologie des Verhaltensforschers B. F. Skinner (aus den 1950ern!) stammen! Karen Pryor erkannte rasch das darin verborgene Potential und setzte ihre Erkenntnisse bei ihrer Arbeit mit Delphinen mit großem Erfolg in die Praxis um. Die Tricks in Delphin-Shows werden mit Hilfe eines konditionierten Verstärkers (Triller-Pfeife), über operante Konditionierung (Lernen am Erfolg) und »Shaping« (Formen) beigebracht. Die Triller-Pfeife als konditionierter Verstärker ist das Versprechen für das Tier, Futter zu erhalten. In diesem Fall ist der Fisch, den das Tier erhält, der echte Verstärker. Dazu später mehr.

> Nicht das Tier wird belohnt, sondern sein Verhalten bestärkt!

Warum Clicker-Training?

EMOTIONSLOS – Das Click-Geräusch kommt immer in gleicher Stimmungslage beim Hund an und ist in seiner Aussage klar und deutlich. Unabhängig davon, ob der Mensch gut gelaunt ist oder nicht. Das macht die Methode so erfolgreich!

 Der Clicker hat rund um die Uhr gute Laune! Sie auch?'

Hingegen ist die Sprache immer entsprechend der momentanen Stimmung beeinflusst. Der Hund bekommt oft nicht mit, dass er gelobt wurde!

Achten Sie auf sich selbst! Kommt Ihr Lob immer richtig an? Hat es Ihr Hund als Lob verstanden?

- Ein **Lob** wird mit hoher, freudiger, nicht unbedingt lauter Stimme ausgesprochen: feiiiin, braaav, guuuut usw.

- Ein **Kommando** wird neutral und deutlich ausgesprochen.

- Eine **Zurechtweisung** wird mit tiefer und deutlicher Stimme ausgesprochen.

Üben Sie richtig zu loben, bevor Sie mit dem Clicker-Training beginnen. Damit Sie es gut beherrschen, wenn Sie später auf dieses Hilfsmittel verzichten möchten/können. (Siehe auch unter: Kapitel Nr. 1/Einstieg in die Praxis/Timing-Training Mensch Teil II)

Nicht vergessen:

 Der Clicker ist »nur« ein Hilfsmittel in der Hundeerziehung!

TIMING (I) – Zum rechten Zeitpunkt auf den Clicker zu drücken, ist häufig einfacher, als zum rechten Zeitpunkt ein »richtiges« Lob von sich zu geben.

Durch den Clicker kann das richtige Verhalten sekundengenau (auch auf Entfernung!) bestätigt werden. Zwar wird der Hund in der

Anfangsphase sein bestärktes Verhalten umgehend abbrechen, um die versprochene Belohnung abzuholen. Die gezeigte Handlung wird er jedoch gerne wiederholen.

> → **Lob, Kommando oder Zurechtweisung zur richtigen Zeit entscheiden, wie gut uns der Hund in der Lernphase versteht und dazulernen kann! Der Hund verknüpft ausschließlich während seiner Handlung, d.h. uns bleiben oftmals nur 0,5–1 Sekunde für ein Signal, um beim Hund eine Assoziation auszulösen!**

BEOBACHTUNGSSCHULE – Um den Clicker korrekt einsetzen zu können, muss der Mensch lernen, seinen Hund besser zu beobachten. Oftmals sogar aus dem Augenwinkel heraus ... Der Hund kann zeigen, was er will, er wird aber nur für das, was der Mensch sehen möchte, durch das Click-Geräusch bestätigt.

> → Beim Clicken konzentriert man sich auf das Wesentliche – sogar besser als vorher! Somit lernt nicht nur der Hund ...

Ignorieren im richtigen Moment ist nicht immer einfach.

MOTIVATION – Zum Clicker-Training brauchen wir einen motivierten Hund, denn nur ein motivierter Hund probiert aus, welches Verhalten für ihn zum Erfolg führt. Bei richtiger Motivationsgrundlage wird er versuchen, herauszufinden, was der Mensch in diesem Moment von ihm sehen möchte. Dabei muss er tatsächlich mitdenken!

Dinge, die den Hund motivieren, können sein: Hunger, Beute, Spiel, der Hund auf der anderen Straßenseite ...

Für das Training eignet sich am besten Futter als Motivator, da es auch bei kurzen Übungsintervallen gut einzusetzen ist. Siehe unter: »Wichtige Punkte«: Futter. Aber Achtung: Mit einem satten Hund kann man schlecht arbeiten!

Alternativ kann ein gemeinsames Spiel als **Überraschungsbelohnung** eingebracht werden, wenn es den Hund motiviert, er also gerne spielt und Spiel als Belohnung erkennt. Der Nachteil dabei ist, dass ein Spielzeug nicht kurz hintereinander wiederholt einsetzbar ist – Futter aber schon!

Belohnt man ihn nur über Spiel, kann die Wegnahme des Spielzeugs bei ihm immer wieder Frust erzeugen. Als Abschlussbelohnung kann es aber durchaus Sinn machen.

VERSPRECHEN – Durch die Konditionierung mit etwas Positivem – z.B. Futter – erhält das Geräusch des Clickers für den Hund eine besondere Bedeutung, gleich einem Versprechen. Der Hund kann sich darauf verlassen, dass dieses Versprechen mit dem Ertönen des Signals durch Herausgabe der konditionierten Belohnung eingelöst wird.

Click = Belohnung (C&B)
Click = »Gut gemacht! Komm, hol' Dir Deine Belohnung ab!«

HANDLUNG – Erst lernt der Hund, die Handlung zuverlässig zu zeigen, bevor ein Kommando und das dazugehörige Handzeichen hinzukommen. Ein freiwilliges, selbstständiges Anbieten von Verhalten ist eine günstige Basis und erleichtert das Verknüpfen bei Signaleinführung.

Bei der »veralteten« Erziehungsmethode wurde dem Hund z.B. das Kommando SITZ mit dem Hochziehen am Halsband und Herunterdrücken des Hinterteils mit der Hand, während SITZ gesagt wurde, beigebracht, siehe Foto S. 13.

D.h. der Hund hat dadurch SITZ zunächst mit dem Hochzieh-Gefühl am Hals und dem Druck von fünf Fingerkuppen am Hinterteil verknüpft – und nicht die Handlung, die er dabei ausgeführte.

Dadurch brauchte er viel länger, bis er das Kommando SITZ mit seiner eigenen Handlung verknüpft und umgesetzt hatte. Heute wissen wir es besser!

Wann wird Clicker-Training eingesetzt?

Im Training

Ganz gleich, an was gearbeitet wird (Grunderziehung, Apportieren, Agility, etc.), sollte ein Problem entstehen, kann der Clicker jederzeit eine große Hilfe sein.

Auch im häuslichen Bereich finden wir häufig Fehlverhalten, das zu weiteren Problemen führen kann. Nicht selten sind unterschiedliche Störfaktoren von Seiten der Menschen dafür verantwortlich. Diese sind uns oftmals nicht zugänglich und können dadurch auch nicht abgestellt werden.

Mit dem Clicker steht uns ein Hilfsmittel zur Verfügung, durch das das Verhalten des Hundes in kurzer Zeit geändert werden kann, ganz unabhängig von vorangegangenen Ursachen. Gelingt es, den Hund über Motivation anzusprechen, können Fehler des Menschen teilweise sogar in den Hintergrund treten. Glücklicherweise hat dies häufig zur Folge, dass auch beim Menschen eine positive Verhaltensänderung stattfindet. Somit kann etwas »Neues« aufgebaut werden – bei Mensch und Hund. Und darauf kommt es an!

Nicht bei jedem Mensch-Hund-Team ist der Einsatz eines Clickers als Hilfsmittel sinnvoll. Es darf weder Mensch noch Hund überfordert werden.

So mancher hat den Clicker nach kurzem Ausprobieren wieder zur Seite gelegt, da ihn das Ergebnis nicht überzeugte. Oft kann ein Trainer mit entsprechender Kenntnis hier unmittelbar Hilfestellung geben und damit den Spaß- und Erfolgsfaktor aufzeigen. Wer sich schon die Mühe gemacht hat, es selbst auszuprobieren, der ist an dieser Stelle noch sehr gut zu motivieren!

> Im **Einzelunterricht** ist der Einsatz des Clickers eine sehr effektive Hilfe. Mit dem Clicker kann ich wesentlich mehr bei Mensch und Hund erreichen, als ohne! Bei Problemverhalten gilt es häufig, zunächst ein Alternativverhalten zu trainieren. Je nach Voraussetzungen des Mensch-Hund-Teams kann der Hund mit Hilfe eines Clickers zielgenauer gearbeitet und damit sein Verhalten erfolgreicher geformt werden. Störfaktoren von Menschenseite treten teilweise in den Hintergrund, nicht zuletzt, weil der Mensch sehr aufmerksam zu handeln lernt. Aus diesem Grund möchte ich im Unterricht auf gar keinen Fall darauf verzichten.

Es geht immer darum, das Bestmögliche für das jeweilige Mensch-Hund-Team herauszuholen. Damit Mensch und Hund, soweit machbar, in ihrem Alltag besser miteinander zurechtkommen. Auch wenn man manchmal als Trainer gerne andere Ziele anstreben würde ...

Häufig kommen Hundebesitzer in die Hundeschule, weil ihr Hund etwas »falsch« macht. Sie sehen nur das Negative. Wenn man sie fragt, womit sie bei ihrem Hund zufrieden sind, sind

→ Seit ich den Clicker einsetze, kann ich die Besitzer vor allem in Punkto Timing viel besser schulen. Der Mensch ist mit dem Daumen einfach schneller als mit seiner Stimme. Durch die positive Konditionierung bekommt man als Trainer den Hund viel zügiger auf den Besitzer »umgelenkt«. Außerdem hat sich herausgestellt, dass sich diese Trainingsform als gute Schulung des Hundebesitzers einsetzen lässt, um seine Sichtweise zu ändern und damit auch seine Einstellung zu seinem Hund.

sie völlig überrascht! Mit Hilfe des Clickers lernen sie, auf die positiven Handlungen zu achten – und der Hund macht tatsächlich gerne mit! Klar muss hier viel Überzeugungsarbeit und gute Schulung von Seiten des Trainers stattfinden, aber es lohnt sich.

In der Hundeschule steht man immer wieder vor neuen Hürden, die überwunden werden müssen, um ein gutes Endergebnis zu erzielen.
Ein Beispiel: Eine Hundebesitzerin ist auf eine Sauerstoffhilfe angewiesen, dadurch variiert

ihre Stimme sehr stark, zeitweise ist sie gar nicht vorhanden! Der Clicker ist hier eine enorme und zugleich sehr einfache Hilfe. Es ist eine große Freude, auf diese Weise helfen zu können, vor allem, wenn das Mensch-Hund-Team dabei so einen Spaß entwickelt!

Der Clicker findet sogar erfolgreichen Einsatz bei der Arbeit auf Distanz, z.B. Schleppleinen-Training oder beim Training in Verbindung mit Jagdverhalten. Hierbei kann der Hund sehr gut erreicht werden.

Junghund

Es hat sich gezeigt, dass Junghunde, die in ihrer Erziehung den Clicker kennenlernen, in ihrem weiteren Leben stets gegenüber Neuem sehr offen bleiben. Der Junghund ist in jedem Fall

> Gerade bei Junghunden schwöre ich auf den Clicker, so dass ich gerne den größeren Zeitaufwand unentgeldlich für das Clicker-Training investiere, sollte der finanzielle Aspekt ein Ausschlusskriterium für den Hundebesitzer bedeuten. Mit Entkräftigung dieses Argumentes erreiche ich, dass sich auch der Besitzer auf einen zeitlichen Mehraufwand einlässt. Profitieren wird dabei in jedem Fall der Hund, und damit letztlich auch der Mensch. Er merkt sehr bald, dass nach einer intensiven Anfangsphase ein rascher Lernerfolg bei seinem Hund eintritt. Das Mensch-Hund-Team kommt am Ende schneller voran als je zuvor. Dieser positive Effekt kann überzeugend sein – gut so.

aufnahmebereit und damit gegenüber dem Thema Erziehung positiv gestimmt.

Ein wesentlicher Begleiteffekt des Clicker-Trainings ist das Sich-Näherkommen von Mensch und Hund. Dafür lohnt es sich allemal, ob der Hundebesitzer nun über eine längere Zeit mit dem Clicker weiterarbeitet oder diesen wieder weglegt. Ein Anfang hin zum Team ist in dieser Beziehung zwischen Mensch und Hund auf jeden Fall gelegt.

Hund aus zweiter Hand

Nicht selten haben Tierheimhunde durch ihre Vorbesitzer das Thema Erziehung, wenn überhaupt, als etwas Negatives kennen gelernt. Es gibt sogar so arme Hunde, die knurren, sobald sie ein Kommando hören. Sie sind bereit, sich zu verteidigen, weil sie Schlimmes »erahnen«. Traurig, oder?

> Ein Training ohne Clicker kann sicher auch erfolgreich sein. Allerdings ist der »Weg« zum Erfolg häufig etwas länger. Ein weiterer, nicht zu unterschätzender Vorteil des Clickers ist, dass der Mensch durch die raschen Fortschritte seines Hundes zuversichtlich wird. Er empfindet wieder Freude an seinem Hund. Dies ist sehr wichtig für die erfolgreiche Arbeit des Teams Mensch & Hund.

Bei Hunden mit solchen Erfahrungen kommt der Clicker sehr gut an. Für die Arbeit mit diesen Vierbeinern braucht man Zeit, da darf man sich nichts vormachen. Monate oder jahrelange Erfahrungen können nicht auf die Schnelle »ausradiert« werden.
Mit dem Clicker kommt man bei diesen Hunden meist viel schneller ans Ziel. Es kann eine zweite Chance für den Tierheimhund sowie für den neuen Besitzer bedeuten.

Jeder kann sich sicher vorstellen, dass negative Erfahrungen nicht mit weiteren negativen Erfahrungen »gelöscht« werden können. Vielmehr können neue positive Erfahrungen dazu führen, dass alte Muster in den Hintergrund rücken. Mehr dazu unter »Wichtige Punkte«, Hund und Lernen.

Den Hunden lässt man mit diesem Hilfsmittel neue und positive Erfahrungen zukommen. In der Folge werden sie bei Beibehaltung dieses neuen Weges Erziehung wieder als angenehm empfinden können. Es·ist streng darauf zu achten, dass diese neue Form des Umgangs beibehalten wird. Ein Rückschritt zu alten Verhaltensmustern kann bei Fehlern von Seiten des Menschen auftreten.

Ängstliche Hunde

Ängstliche Hunde können mit dem Clicker »erreicht« werden. Da der Hund schnelle Erfolge für sich erzielen kann, verbessert sich seine Selbstsicherheit. Er wird fröhlicher und offener, damit gelingt es, eine bessere Bindung zu seinem Menschen aufzubauen. Dies ist für den weiteren gemeinsamen Weg sehr wichtig.
Bei ängstlichen Hunden muss unbedingt auf den Einsatz des richtigen Clickers geachtet werden. Sie müssen nicht einmal geräuschempfindlich sein, um mit Angst auf das Einbringen eines neuen Geräusches zu reagieren. Empfehlenswert ist es immer, mit dem leisesten Clicker, z.B. Soft-Clicker, das Training zu beginnen. Eine zweite Chance bekommt man bei diesen Hunden nicht immer!

Der Soft-Clicker (Hersteller: Hundeschule Glanz, Inh. Christiane Glanz)

Bei Konzentrationsproblemen

Leider gibt es immer häufiger Hunde mit Konzentrationsproblemen. Hier liegt der Schlüssel zum Erfolg überwiegend in der Schulung des Menschen. Oft wird bei dieser Konstellation durch Akzeptanz und verändertem Umgang das Zusammenleben erleichtert.

Konzentrationsschwierigkeiten können viele Ursachen haben. In einem Ausschlussverfahren muss herausgefunden werden, wo die Gründe für dieses Problem liegen. Häufig muss mehr als nur ein Faktor im Leben des Hundes umgestellt werden. Je nach Ursache und Umstellungsbereitschaft des Menschen kann hier eine Besserung erreicht werden.

Mögliche Ursachen:
Beschäftigungsmangel oder falsche Beschäftigung – je nach Hundetyp, fehlender Tagesrhythmus oder hektischer Tagesablauf, falsche Ernährung, Allergien, Erkrankung, Medikamentengabe und vieles andere mehr.

Durch das Clicker-Training kann der unaufmerksame Hund dazu gebracht werden, sich durch entsprechende Motivation und gezielte Übungen besser zu konzentrieren.

Des Weiteren können darüber Signale beigebracht werden, die den Hund – durch seinen überstrapazierten Reizfilter hindurch – für seinen Menschen besser erreichbar machen.

Allerdings muss der Mensch lernen, wie er durch sein eigenes Verhalten die meist nach außen orientierte Aufmerksamkeit des Hundes auf sich umlenken kann. Auch hier kommt der Mensch mit einem Clicker viel schneller voran.

Ist der Hund von seinem Konzentrationsvermögen soweit, die Ringe einzeln zu entfernen?

Zur Erklärung:

➔ Wenn der Hund in der Phase ist, in der er sich nicht mehr konzentrieren kann, arbeitet sein »Reizfilter« nicht. Das bedeutet, er kann wichtige Geräusche nicht von unwichtigen trennen. In dieser Verfassung ist er reizüberflutet, er bekommt gar nichts mit.

Eine Strafe oder eine Zurechtweisung wird er, durch die erhöhte Stimmlage und den chemischen Geruch (!) seines verärgerten Menschen, sehr wohl mitbekommen. Er versteht allerdings nicht, warum es Ärger gibt. Somit wird er sich nicht ändern können. Keine gute Voraussetzung, oder?

Gibt es Nachteile?

- Vielen Menschen fällt es schwer, mit dem richtigen Timing zu arbeiten. Dies ist beim Clicker-Training die Voraussetzung. Allerdings ist das Timing mit dem Clicker für den Menschen leichter erlernbar. Ohne richtiges Timing ist jede Form der Hundeerziehung nicht gut durchführbar.

- Nicht jeder Hund oder Mensch ist motivierbar.

- Die Motivationsgrundlage Futter (Trieb: Ernährung) wird von manchen Menschen nicht gerne gefördert.

- Geräuschempfindliche Hunde können irritiert sein. Mittlerweile gibt es Alternativen durch sogenannte Soft-Clicker. Sie helfen nicht immer, sind aber einen Versuch wert.

 Diese Empfindlichkeit zeigt der Hund bereits am Anfang der Konditionierung. Wenn man dies wahrnimmt, muss sofort auf einen Soft-Clicker umgestellt werden. Wer keinen zur Hand hat, nimmt seinen Clicker umgehend unter den Pullover (oder in eine Stoffhülle) und bringt Textilstoff zwischen Daumen und Clicker. Der Ton wird dadurch leiser und man hat eine neue Chance! Bitte auch auf das Echo-Geräusch im Raum achten (siehe unter »Wichtige Punkte«)!

Voraussetzungen

Beim Mensch:

- Die Bereitschaft, die Erziehung anders zu betrachten.

- Offen sein, dazu lernen wollen.

- Mit Spaß und Geduld an die Sache herangehen!

- Keine Probleme mit Futterbestätigung haben.

Beim Hund:
Auch bei einem Hörfehler des Hundes darf das Hörvermögen keine solchen Probleme bereiten, die das Geräusch so »entstellen«, dass er dieses als negativ empfindet.
Er darf nicht futterneidisch sein und keinesfalls nach der Futterhand schnappen (muss durch gezielte Übungen trainiert werden).

Vorurteile:

→ Nein, Sie müssen nicht das ganze Hundeleben lang mit dem Clicker herumlaufen!

→ Nein, Sie müssen nicht das ganze Hundeleben lang mit der Futtertüte herumlaufen!

→ Nein, der Hund wird nicht nur bei den Futtergaben hören!

→ Nein, Ihr Hund wird nicht davon dick werden!

Wichtige Punkte

Hund und Handlung

»Der Hund löst den Clicker durch seine Handlung aus!«

Leider wird durch die »Clicker-Begeisterung« der Hunde, der Clicker vom Menschen häufig zweckentfremdet! Er nutzt ihn z.B. sehr gerne, weil der Hund nach dem Click-Geräusch üblicherweise herankommt. Und das hat auch seinen guten Grund! Aber: Warum kommt der Hund in diesem Moment?

Dem Hund geht es um das Einlösen des »Futterversprechens«, das durch den Click gegeben wurde.

 Welches Verhalten hat der Hund jedoch im Moment des Clickens gerade gezeigt? Hat er eben einen Menschen angeknurrt? Oder hat er nach einem vorbeirennenden Kind geschnappt?
Genau diese Aktivität hat der Mensch gerade durch den Einsatz des Clickers beim Hund bestätigt! Nicht so gut ...

Fehler wie diese sind gut korrigierbar. Dafür müssen sie jedoch vom Verursacher unmittelbar erkannt und nicht durch Nachlässigkeit unterstützt werden.

Hund und Lernen

»Der Hund lernt 24 Stunden am Tag und 365 Tage im Jahr!«

 Der Hund lernt um sich selbst einen Gefallen zu tun, nicht für den Menschen!

Spannend ist, dass der Hund in seinem Gehirn ein internes Belohnungssystem besitzt! Hat sich etwas für ihn gelohnt, speichert er es mit einem guten Gefühl als angenehm ab.
Dieser Vorgang macht ihn »süchtig«! Er möchte das Gefühl erneut spüren, daher wiederholt er seine Handlung gerne. Wie gut für uns beim Clickern!

Leider gilt dies auch bei »Unfug«. Hat es der Hund geschafft, etwas vom Esstisch zu klauen, hat es sich für ihn gelohnt! Er wird »den Diebstahl« gerne wiederholen wollen! Jetzt sind Sie dran!

 Damit meine Schüler diesen Vorgang beim Hund besser verstehen können, bringe ich im Unterricht immer den Vergleich, dass auch wir Menschen vieles über Gefühle abspeichern.
Wie ist es bei Ihnen? Denken Sie an etwas Schönes ... Ein Geruch alleine kann eine Erinnerung auslösen. Wenn es eine angenehme Erinnerung ist, genießen wir sie und sehen sogar die dazugehörigen Bilder vor uns. Unangenehme Erinnerungen verdrängen wir eher. Dem Hund geht es ganz ähnlich.

Damit der Hund in der Erziehung das, was er gerade macht, mit dem »verknüpft« (Assoziation), was wir sagen, muss es zeitgleich geschehen, d.h. während der Handlung des Hundes.

Je näher – zeitlich – das Wort der Handlung kommt (z.B. während der Hund sich gerade hinsetzt, nicht, wenn er schon sitzt), umso effektiver ist das Abspeichern und somit das Lernen. D.h. unser Wort muss innerhalb von 0,5–1,5 Sekunden (Assoziationszeit im Gehirn) im Verlauf der Handlung dazukommen. Das gilt für eine Zurechtweisung ebenso wie für ein Lob.

Wir Menschen sind leider weder besonders schnell, noch besonders klar und deutlich in unserer Sprache mit dem Hund. Der Clicker als Verstärker kommt deshalb als Hilfe bei Positivem sehr gut an!

 Je näher die Handlung des Hundes und das Clickgeräusch zusammenliegen, umso besser!

Für alle gilt das Gleiche – Lernen aus der Konsequenz einer Handlung. (Mehr dazu unter: »Wie lässt sich Verhalten beeinflussen?«)

Das Clickgeräusch kommt vor dem Futter!

Beim Bestätigen einer Handlung im Clicker-Training muss selbstverständlich das Clicken vor dem Belohnen mit Futter erfolgen.

In der Lernphase sind viele Menschen damit überfordert. Es entsteht eine hektische Situation, das erforderliche Timing wird nicht eingehalten. Das Clicken wird oftmals vergessen. Allen ist wichtig, dass das Futter an den Hund gebracht wird. Erst bei der Futtergabe fällt dem Menschen der Clicker wieder ein. Leider zu spät! Manche bemerken den Fehler nicht einmal. Sie wundern sich aber, dass ihr Hund nicht besonders gut auf den Clicker reagiert, wohl aber Futtergier entwickelt. Kein Wunder!

Nur bei Übungen, in denen der Hund geführt wird, befindet sich das Futter bereits in der Hand.

Es ist wichtig, dass man nicht bereits kurz vor der Übung nach dem Futter greift, da der Hund dadurch bereits das Signal für das Futter hört! Alleine die Handbewegung Richtung Futtertasche, kann von dem Hund als Signal wahrgenommen werden! Unterschätzen Sie bitte Ihren Vierbeiner nicht!

Das Erlernte im Gedächtnis speichern!

Damit sich das gerade Erlernte im Gedächtnis festigen kann, ist nach der Trainigseinheit Ruhe angesagt! Die erlebten Eindrücke müssen weiterverarbeitet werden. Dies kann in Form von Schlaf, einer Pause oder (als erster Schritt zur Entspannung) in einem kleinen, ruhigen Spaziergang (an der kurzen Leine) stattfinden. Je nach Intensität des Lernens.

Konditionierung im Raum

In geschlossenen Räumen müssen Sie unbedingt darauf achten, **echoähnliche Geräusche zu vermeiden.** Konditionieren Sie sicherheitshalber nur in Räumlichkeiten, die ein Öffnen von mehreren Türen ermöglichen. Hingegen lenken offene Fenster Hunde im Clicker-Training zu sehr ab.

Bei Konditionierungsfehlern durch Echogeräusche gibt es selten eine zweite Chance. Der Hund reagiert ortsgebunden. D.h. wenn der Hund dadurch erschreckt, müssen u.a. neue Räumlichkeiten aufgesucht werden.

> »Leckerlies« sind eigentlich Futtergaben! Betrachten Sie die Belohnung nicht als zusätzliche «Häppchen«, sondern sehen Sie es so, dass sich Ihr Hund in kleinen Übungseinheiten sein Futter selbst verdienen darf.

FUTTER als Verstärker

Für den Hund muss es etwas Besonderes sein!
Wer hier »geizig« ist und jedes Mal auf Trockenfutter zurückgreift, wird sich häufig über seinen Hund ärgern. Schon bei kleinster Ablenkung ist sein Desinteresse vorprogrammiert! Dann wird häufig die Ablenkung und nicht das Futter zur Motivation des Hundes – somit auch nicht der Mensch. Wehret den Anfängen!

Ausnahmen (aber häufig nur im Anfangsstadium) bilden Hunde, die durch besonderes Futter übermotiviert sind. Sie können sich allein auf-

Hier meinen es die Menschen vermeintlich gut, indem sie ihrem Hund nach einer Trainingseinheit noch einmal Spaß gönnen. Gleichbedeutend mit einem Rennspiel mit seinem vierbeinigen Freund oder hinter einem Ball her. Absolut FALSCH!

Wissen Sie noch, wie klein Erbsen eigentlich sind?

grund des Futtergeruches nicht konzentrieren! Oft sind es unsere lieben Retriever ...

Finden Sie die drei liebsten Futterbelohnungen Ihres Hundes heraus.

Je nach Schwierigkeitsgrad der Übung, muss das Futter in der Beliebtheitsskala Ihres Hundes entsprechend eingesetzt werden. Später empfiehlt es sich, für unterwegs zwei unterschiedliche Belohnungssorten einzustecken. Wir Menschen dürfen für den Hund nicht durchschaubar sein. Wir sollten im Gegenteil immer wieder für Überraschungen sorgen. Nur so kann die im Training gewonnene Motivation erhalten bleiben.

Eine Belohnung darf nur erbsengroß sein! Der Hund muss sie gleich verschlingen können, um nicht durch Kauen die momentane Übung zu verzögern. Zugleich muss sie einen wunderbaren, motivierenden Geschmack hinterlassen! Ausnahme: Wenn im Training der größte Schwierigkeitsgrad einer Übung durch große Futterstücke beibehalten werden kann, um gezielt bis auf Erbsengröße zu verkleinern. Fleisch kann nach dem Schneiden portionsweise eingefroren werden. Somit kann man

am Abend eine Portion zum Auftauen in den Kühlschrank legen und hat jeden Tag frisches Übungsfutter.

Viele Metzger haben mittlerweile Hundewurst im Sortiment. Hier muss darauf geachtet werden, dass die Wurst fest ist, sonst klebt sie einem später an den Fingern. Und der Hund hängt einem praktisch für längere Zeit an den Händen. Dadurch konzentriert er sich nicht mehr auf das Wesentliche! Viele Hunde mögen die Hunde-Blutwurst vom Metzger besonders gerne ...

Sehen Sie zu, dass Ihr Hund futtermotiviert wird und bleibt!

Falls Sie vorher zugelassen haben, dass dem Hund sein gefüllter Futternapf den ganzen Tag

> ### Empfehlung:
>
> → Hähnchen- oder Putenfleisch in wenig Wasser gar kochen und nach Erkalten (das Fleisch ist fester und dadurch leichter zu schneiden) in erbsengroße Stücke schneiden!

➜ Das, was man über die Hand füttert (beim täglichen Training), wird von der Tagesration Futter abgezogen! Ihr Hund wird niemals satt beim Arbeiten, sondern er bekommt nur Lust auf mehr = Motivation!
Er bekommt kein Futter umsonst – für Nichts gibt es nichts!

➜ Im Unterricht bekomme ich häufig zu hören: »Er hat heute Morgen extra nichts zu Essen bekommen!«
Falsch! Vor dem Training sollte der Hund schon sein »Frühstück« erhalten haben. Zur Erhöhung der Motivation (für das bevorstehende Training) ist es besser (im Training gibt es Ausnahmen), dem Hund ein wenig in die Hundeschüssel zu tun, als ihm nichts zu geben!
Wer fastet, empfindet keinen Hunger. Wer ganz wenig zu Essen bekommen hat, dessen Bauch »ruft« bald nach mehr!

zur freien Verfügung herumsteht, dann muss sich das jetzt ändern.

Eine durch eine besondere Belohnung hervorgerufene Motivation, würde in diesem Fall nur kurz anhalten. Der Hund würde nur nach Lust und Laune am Training teilnehmen. Das ist keine gute Voraussetzung!

So lange der Hund im Training ist, wird seine Tagesration Futter eingeteilt. Er bekommt jeweils nur den Rest in die Schüssel. Er muss sich sein Futter unterwegs quasi verdienen.
Er soll auch draußen hören lernen, denn daheim hören die meisten Hunde gut. Der Mensch kann hier entsprechend auf ihn einwirken. Es gibt Türen, Wände und Zäune.
Draußen zeigt er uns seine Fähigkeiten und wie wenig wir auf ihn einwirken können oft schon ab dem Junghundealter. Wenn wir nicht dagenhalten und üben, üben, üben ...

Fütterungsempfehlung: Beim erwachsenen Hund (manchmal schon ab dem Junghundealter) ist es gut, zwei Mal am Tag zu füttern – 1/3 morgens und 2/3 abends. So wird es dem Hund nicht übel durch einen zu leeren Magen.

Gefüttert wird der Hund (außer der Welpe) nach dem Spaziergang, während dessen soll der Vierbeiner motiviert sein! Achten Sie darauf, dass der Hund vorher »abgehechelt« hat, sonst könnte er zu viel Luft mit herunterschlucken! Denken Sie an die Gefahr einer Magendrehung.

»Notfall«-Futterbelohnung:
Falls Sie nichts anderes im Hause haben und der Hund auf Futterzusatzmittel nicht allergisch reagiert, können Sie auch Geflügelfleischwurst oder frische Würstchen nehmen. Es ist aber nicht unbedingt empfehlenswert, da auch diese Wurst viele Zusatzstoffe beinhaltet, und darauf sollte man, um den Hund lange gesund zu halten, verzichten.
Manchmal ist es aber wichtiger, den Hund für sich zu gewinnen, als auf gesundes Essen zu achten ...

Bei Hunden mit Lactose-Empfindlichkeit:
Hier ist Ziegenkäse am Stück sehr empfehlenswert. Er lässt sich sehr gut schneiden und hält sich lange im Kühlschrank.

Nur dosierte Futter-/Belohnungsreduzierung gewährleistet zuverlässiges Lernen!
In all den Jahren als Hundetrainerin (und »Menschentrainerin«) hat sich die negative Einstellung zum Arbeiten mit Futter in der Hundeerziehung kaum geändert. Noch immer ist dies ein Thema, bei dem viel Überzeugungsarbeit geleistet werden muss!

Die Sorge, der Hund würde künftig nur noch bei Futtergabe hören, steht dem Einsatz häufig im Wege. Nach entsprechender Aufklärung, dass dem nicht so ist, lassen sich die meisten aber umstimmen. Anfangs ist ihnen nicht klar, dass zu einem erfolgreich abgeschlossenen Trainingsabschnitt das Ausschleichen der Futterbelohnung gehört.

> ➔ Ein Problem der Hundebesitzer liegt darin, dass es ihnen nicht gelingt, das Futter gezielt zu reduzieren!
> Das muss aber sein, damit der Hund dazulernen kann.

Wenn in der Erziehung mit Futterbelohnung gearbeitet wird – ob mit Hilfe eines Clickers oder nicht – hat der Trainer u.a. die wichtige Aufgabe, dem Menschen das richtige Reduzieren zum richtigen Zeitpunkt beizubringen. Hierbei geht es darum, das Zeitfenster der Übung zu öffnen und auszudehnen.

Nur so macht das Lernen mittels positiver Belohnung einen Sinn.

Das Ziel, zuverlässiges Ausführen von Kommandos (= gute Erziehung!), wird ohne die Reduzierung nicht erreicht werden können, da sonst nichts wirklich erlernt würde ...

Einige Menschen möchten zwar nicht gerne mit »Leckerli« arbeiten, gleichzeitig »schieben« sie jedoch dem Hund immer wieder Futter für »nichts« hinein!
Selbst möchten sie für ihre tägliche Arbeitsleistung im Beruf entlohnt werden. Beim Hund sind sie schon zu Beginn des Lernens geizig. Gerne würden sie bei jeder Gelegenheit die Futterbelohnung abziehen, geben aber an anderer Stelle ohne Gegenleistung Futter unbegrenzt ab! Wie soll der Hund so motiviert bleiben? Ich erlebe dies immer noch wöchentlich im Unterricht.

Der Einstieg
in Theorie & Praxis

2

- *Theorie zum Einstieg!*
- *Einstieg in die Praxis*

Theorie zum Einstieg!

Click & Treat

= Click & Futter (Click-Geräusch und Belohnung = C&B)
Anstatt ständig das falsche Verhalten zu korrigieren, wird vielmehr Wert darauf gelegt, das »Richtige« zu bestätigen (clicken!). Falsches Verhalten des Hundes wird (so weit möglich) ignoriert.

Ignorieren macht nur Sinn, so lange wir Einfluss auf die Motivation des Hundes haben.

 Bei »Click & Treat« wird der Hund in seinem Verhalten nicht manuell beeinflusst oder berührt.
Click = Futter
Click = »Gut gemacht, komm und hol' dir deine Belohnung ab!«

Timing (II)

= zeitlich sehr genau bestärken/clicken (innerhalb von ca. 0,5–1,5 Sekunde während des gezeigten Verhaltens. Dadurch kann beim Hund eine Verbindung/Verknüpfung stattfinden = »Assoziation«. Mit dem Clicker ist dies einfacher als ohne.

Falsches Timing kann sein:

a) **Im falschen Moment auf den Hund einzuwirken.** Zum Beispiel, wenn der Mensch jedes Mal, wenn sein Hund nach einem Vogel schaut, mit Geräuschen versucht, auf sich aufmerksam zu machen. Der Hund könnte den Vogel als Belohnung ansehen, da

 Hier passieren die meisten Fehler. Wenn das Timing schlecht ist, wird möglicherweise ein anderes Verhalten bestätigt, als beabsichtigt wurde. Häufig führt dies zu Frust beim Menschen ...
Es entscheiden Sekunden darüber, ob der Hund das Richtige lernt. Da wir Menschen etwas langsam sind – lieber zu früh als zu spät handeln!

er immer dann die Aufmerksamkeit vom Menschen erhält. Er wird unter Umständen künftig nach jedem Vogel Ausschau halten, in der Hoffnung, damit das Interesse seines Besitzers zu erhalten.
Zu empfehlen ist: Wenn man es sich noch leisten kann (!) sollte man in dieser Situation abwarten, bis der Hund von sich aus wegschaut, um dieses »Abbrechen« mit dem Clicker zu bestätigen.

b) **Durch Hilfen kann das falsche Verhalten bestärkt werden.** Zum Beispiel, wenn Futter zum Führen eingesetzt wird und der Hund dabei das Futter belecken kann/darf. In dem Moment belohnt sich der Hund selbst. Die eigentliche Übung bekommt er meist nicht mit, wenn er sie überhaupt wahrnimmt ...
Bei eventuellen Problemen, muss man sich zunächst fragen, ob das richtige Verhalten bestärkt wird. Wenn nicht, muss jetzt an einem korrekten Timing gearbeitet werden. Hier ist es sehr hilfreich, wenn sich ein Dritter (z.B. ein Trainer) die Übung von außen anschaut.

Konditionierter (sekundärer) Verstärker

= Der Clicker (oder Knackfrosch, etc.) dient als Versprechen/Ankündigung der echten (primären) Verstärker (die Belohnung = Futter, streicheln, Spielzeug, etc.).
Hierdurch schaffen wir uns Zeit, können jedoch unabhängig von einer Belohnung sekundengenau die richtige Handlung unterstützen! Der Verstärker muss allerdings kurz sein, um präzise wirken zu können.

Das reflektorische Verarbeiten beim Hund bewirkt, dass wir ursprünglich unwichtigen Dingen bei ihm eine gewichtige Bedeutung geben können. Für ihn ist damit der sekundäre gleichbedeutend mit dem primären Verstärker.
Anfänglich gilt: Je näher sekundärer und primärer Verstärker in ihrem Auftreten zeitlich zusammenliegen, desto wirksamer ist der sekundäre.

Echter (primärer) Verstärker

= Futter, also die Belohnung.
Es sind Tätigkeiten, die dem Hund in diesem Moment wichtig sind (primär, weil sie direkt auf das Tier wirken), z.B. Fressen.

Es gibt auch andere Verstärker, die als solche eingesetzt werden können. Je nach Motivationsgrundlage des Hundes kann das z.B. ein Spielzeug sein, wenn es ihm wichtig ist. Oder Streicheln, wenn ihm der soziale Kontakt zu seinem Menschen viel bedeutet.

Diese Motivation des Hundes kann sehr wohl ebenfalls als Belohnung = Verstärker eingesetzt werden!

Auch eine Ablenkung kann zu einer Belohnung werden, z.B. wenn der Hund seinen Spielkameraden sieht. Würde er ohne Zustimmung des Menschen hinlaufen, würde er sich selbst belohnen. Hingegen könnte man die Begegnung mit seinem Freund als Belohnung einsetzen, indem man ihn vor dem Hinlaufen ein Kommando ausführen lässt, z.B. Sitz oder Blickkontakt.

Motivation / Reiz

= Bedürfnis und/oder Anreiz, das/der eventuell verantwortlich ist für ein gezeigtes Verhalten.

Immerbestärkung

= Nach jeder richtigen Ausführung folgt ein CLICK und somit auch eine Belohnung (C&B). Muss am Anfang jeder Übung sein!

Zusätzlich wird durch mehrfaches Clicken in **kurzer** Abfolge ein kurzes Beibehalten eines gezeigten Verhaltens unterstützt (Ansatzverhalten)!

Zeitfenster öffnen

= Die Dauer einer Handlung wird ausgedehnt, erst dann erfolgt C&B!

Ein Verhalten, das der Hund bereits kennt, soll er über einen längeren Zeitraum beibehalten. Wo wir anfangs eine Immerbestärkung eingesetzt haben, damit der Hund z.B. liegen bleibt, verlängern wir jetzt die Dauer bis zur nächsten Bestätigung, C&B! Über die Erweiterung des Zeitintervalls machen wir das Zeitfenster auf.

 Das ist für uns das wohl Schwierigste, aber Wichtigste!
Ohne ein Erweitern des Zeitfensters erfolgt keine Steigerung der Übung. Nur dadurch lernt der Hund dazu, sonst würde der Mensch nicht von den Futtergaben wegkommen können.

Shaping (Formen)

= Durch »Immerbestärkung« wird zunächst das Beibehalten eines Ansatzverhaltens herbeigeführt. Es muss sehr sicher gezeigt werden. Jetzt wird es schrittweise umgeformt, bis hin zu einem erwünschten Verhalten.

Wir müssen vor Beginn der Übung wissen, was wir beim Hund bestätigen wollen. Dafür müssen wir die Übung in einzelne Schritte zerlegen. Fangen Sie bei dem Verhalten an, welches Ihnen Ihr Hund zeigt. Siehe auch Praxisübung: Abschnitt »Trick zum Kennenlernen von C&B!«

Ein Beispiel: Das erwünschte Verhalten ist »Laufen über ein Gitter«

1. Objekt angucken	= C&B
2. Zum Objekt hingehen	= C&B
3. Objekt beschnuppern	= C&B
4. Objekt mit der Pfote berühren	= C&B
5. Objekt mit beiden Pfoten berühren	= C&B
6. Objekt mit einer Pfote betreten	= C&B
7. Einen Schritt auf dem Objekt machen	= C&B
8. Zwei Schritte auf dem Objekt machen	= C&B
9. Über das Objekt laufen	= C&B

Das Ziel ist erreicht: Das eigenständige Laufen über das Gitter!

Die einzelnen Schritte müssen so klein gehalten werden, dass es immer etwas zu belohnen gibt. Es werden die richtigen Schritte auf dem Weg zum Ergebnis hin bestärkt. Wenn der Hund ein Verhalten sicher zeigt, wird dafür nicht mehr geclickt. Wir wollen eine Steigerung sehen!
Am Anfang versuchen wir, je nach Übungsziel, durch Futter oder Umgebungsänderungen, die Handlung vom Hund gezeigt zu bekommen, die wir bestätigen – C&B! Jetzt kann es dem Hund dadurch helfen, dass wir bei jedem folgenden Schritt mit der selben Ausgangsposition beginnen.

Die Kunst des Shapings entsteht durch kluges Zerlegen einer Handlung in die kleinsten Schritte, damit der Hund diese ohne Probleme bewältigen kann. Damit kann auf Vorhandenem aufgebaut und dieses verbessert/geformt werden. Dabei bitte langsam vorgehen!

Nicht das Ergebnis wird bestärkt, sondern die richtigen Handlungsschritte.

Fehlverhalten wird – wie immer beim Clicken – ignoriert! Selbstbelohnungen sind unbedingt zu verhindern! Sonst kommt man nicht voran. Nur durch den Clicker wird dem Hund mitgeteilt, ob er auf dem richtigen Weg ist oder nicht.

Jackpot

= häufig als Abschlussbelohnung. Insbesondere bei Übungen, die dem Hund schwergefallen sind. Statt einem Stück wird eine »Handvoll« Futterstücke gegeben. Diese schöne Erinnerung speichert sich sehr gut ab und ist somit gleichzeitig eine gute Motivation für das nächste Mal.

Target-Training

= Ziel/Zielscheibe. Der Hund lernt, etwas mit der Nase oder Pfote zu berühren.

Vorgehensweise zum Erlernen eines Verhaltens und dessen Ausführung auf Kommando:

1. Auf den Clicker konditionieren.
2. Herbeiführen eines Ansatzverhaltens, evtl. mit Hilfe von Immerbestärkung.
3. Das Ansatzverhalten Formen (Shapen), evtl. mit Hilfe des Zeitfensters, bis zur erwünschten Ausführungsqualität.
4. Langsam auf variable Bestärkung übergehen. Anforderungen steigern.
5. Festigen des Verhaltens erreichen.
6. Signaleinführung = Nur in Ausnahmefällen wird spontanes Auftreten des Verhaltens noch belohnt.
7. Generalisieren

Konditionierung

»Klassische Konditionierung«, Iwan P. Pawlow (Glocke = Futter = Speicheln!)	Durch Lernen bekommt etwas bislang Neutrales eine Bedeutung und löst dabei einen Reflex aus. Konditionierung des Clickers!
»Operante Konditionierung«, Burrhus F. Skinner Lernen durch positive Bestätigung eines selbst gezeigten Verhaltens.	Es ist die Basis des Clicker-Trainings – Lernen am Erfolg (= instrumentelles Lernen: noch unbekanntes Signal, wird mit einer Handlung des Hundes verknüpft)

Einstieg in die Praxis

»Timing-Training« (Mensch) Teil I

Jetzt ist erst einmal der Mensch dran! Da Menschen in der Praxis große Schwierigkeiten mit dem Timing haben, bietet es sich an, mit einem 5-Minuten-Balltraining zu beginnen. Das Spiel lockert nicht nur auf, sondern es hilft, Gespür und Verständnis für das richtige Timing zu entwickeln. Außerdem macht es auch noch Spaß! Der Hund sollte bei dieser Übung nicht dabei sein.

Sie brauchen:
- einen Menschen als Trainingspartner
- einen Tennisball oder Ähnliches
- einen Clicker

Die Aufgabe lautet:
Jedes Mal, wenn der Ball auf dem Boden aufkommt, muss geclickt werden – gleichzeitig!

Das Ziel ist:
Dass das Timing viel besser klappt, als vorher. Ball- und Click-Geräusch müssen tatsächlich zur gleichen Zeit zu hören sein!

Wann wird geclickt?
Jedes Mal, wenn der Ball aufdotzt!

Anfang: Einer der beiden Menschen hat den Ball und lässt ihn vor sich aufdotzen. Der andere hält den Clicker in der Hand und versucht, gleichzeitig mit dem Aufdotzen zu clicken.

Steigerung: Wenn das gut klappt, kann derjenige mit dem Ball die Schwierigkeit erhöhen. Er kann den Rhythmus ändern, indem er schneller oder auch langsamer wird. Er darf zwischendurch ruhig auch nur antäuschen!

Wichtig ist:
Genau das Antäuschen entspricht dem typischen Verhalten eines Hundes. Er setzt zu einem Verhalten an und entscheidet sich vielleicht im nächsten Moment dagegen. Er versucht, alle Entscheidungen so zu treffen, dass er für sich das Beste herausholen kann.

Wenn der Mensch seinen Hund nicht ganz genau beobachtet und deshalb diese Verhaltensänderung im letzten Augenblick nicht mitbekommt, wird er prompt die falsche Handlung mit dem Click-Geräusch bestätigen! Und genau das will man eigentlich nicht.
Sollte dies dennoch geschehen sein, gilt: **Fehler dürfen passieren, aber man muss sie unmittelbar korrigieren.** Dies ist nur möglich, wenn man sie durch gutes Beobachten wahrgenommen hat. Bei sofortiger, korrekter Wiederholung kann ein durch den Menschen fehlerhaft ausgelöstes Signal gelöscht werden!

Es muss immer mit einer erfolgreichen Handlung des Hundes aufgehört werden.

Anmerkung: An dieser Stelle wird sich mancher fragen, wie es bei guter Beobachtung überhaupt zu Fehlern kommen kann. Aus meiner Erfahrung kann ich berichten, dass genau hier ein wichtiger, notwendiger Lernprozess für den Menschen stattfindet.

»Timing-Training« (Mensch) Teil II

Viele Erwachsene haben ein generelles Problem mit dem LOBEN. Durch ihre eigenen Alltags-Erfahrungen fällt es ihnen schwer, in der von uns Trainern gewünschten Stimmlage – kurz und knapp – und vor allem zum richtigen Zeitpunkt stimmlich zu reagieren.

> Hundegerecht kommunizieren bedeutet u. a. dass wir viel mit der Körpersprache ausdrücken und nur laut werden, wenn es unbedingt sein muss. Keine unnötige Energie verschwenden!
> Es ist völlig überflüssig, den Hund im normalen Umgang mit ihm anzuschreien. Er hört viel besser als wir!
> Wenn wir ständig auf den Hund einreden – vielleicht sogar mit lauter Stimme –, muss er nie nachschauen, wo wir sind. Somit kann er uns, ohne hinzuschauen, sofort lokalisieren! Auf diese Idee kommen die Menschen oft nicht ...

LOB-Timing

Entgegen der allgemeinen Auffassung baue ich für Schüler, die mit stimmlichem Lob – vor allem dem Timing – eine Schwierigkeit haben, eine kleine Übung ein.

Zeitgleich mit dem Clicken bekommen Sie die Aufgabe, ein »Feiiin« in mittlerer Lautstärke zu sagen. Dies sollte den Clicker selbst nicht überlagern.

Das kann auch erst einmal im Rahmen der Ball-Übung ohne Anwesenheit des Hundes ausprobiert werden.

Außer dass das Wort kurz sein sollte, spielt es keine Rolle, was Sie für eins zum Loben nutzen. Hauptsache, Sie ziehen die Wortmitte etwas lang und gehen mit Ihrer Stimme dabei nach oben. Probieren Sie es aus.

Sprechen Sie beispielsweise »Kuh« folgendermaßen aus: »Kuuuh!« Der Hund reagiert auch darauf, Sie werden sehen!

Konditionierung des Hundes (Click = Futter!)

Jetzt ist der Hund an der Reihe! Da der Hund die Begeisterung für das Click-Geräusch zunächst entwickeln muss, müssen wir für ihn etwas Positives damit verbinden. Wir verwenden hierbei die Methode der klassischen Konditionierung. (Siehe unter: »Theorie zum Einstieg«, Konditionierung.)

Meine Empfehlung vor dem Üben: Lesen Sie unter »Grundsätzliches«, Konditionierung im Raum.

Sie brauchen:

- **etwas Besonderes für Ihren Hund (Futterbrocken,** z.B. Geflügelfleisch in erbsengroßen Stücken)
- **einen Clicker**
- **einen hungrigen Hund mit der Motivationsgrundlage Futter**

Die Aufgabe lautet:

Der Hund soll verstehen, dass das Click-Geräusch für ihn leckeres Futter bedeutet!

Das Ziel ist es, dass er sofort mit freudiger Erwartung auf das Click-Geräusch reagiert!

➡ Clicken Sie nie, ohne dem Hund Futter zu geben (umgekehrt auch nicht!). Auch wenn Sie glauben, er hätte das Clicken nicht gehört!

Je kürzer die Zeitspanne zwischen dem Click-Geräusch und der Futtergabe ist, umso besser wird der Hund verknüpfen, was das Geräusch für ihn bedeutet: Futter, jippi! Noch weiß er es ja nicht.

Der Hund sitzt oder steht vor uns. In der Folge variieren Sie selbst bitte bewusst Ihre Körperhaltung, damit diese nicht mit dem Click-Geräusch verbunden wird. Achten Sie darauf, dass Sie durch Ihre Körpersprache keine Bedrohung für den Hund darstellen (nicht über ihn beugen!).

Schritt 1
Clicker hinter dem Rücken:
1 x Clicken + 1 Stück Futter geben (C&B)
3–4 Wiederholungen

Nehmen Sie die Hand mit dem Clicker hinter den Rücken, um das Geräusch anfangs zu dämpfen. So können Sie gleich erkennen, ob Ihr Hund empfindlich auf das Geräusch reagiert. Wenn der Hund mit Angst reagiert, siehe sofort unter: »Grundsätzliches«/»Gibt es Nachteile?«, »Geräuschempfindlichkeit!«

Lösen Sie jetzt das Click-Geräusch aus und geben Sie danach ein Stück Futter. Dies wie-derholen Sie 3–4 Mal. Achten Sie darauf, dass Clicken und Futtergabe nicht gleichzeitig, sondern nacheinander erfolgen. Die dazwischen liegende Zeitspanne sollte jedoch so kurz wie möglich sein.

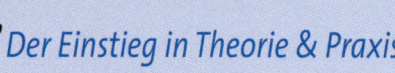

Schritt 2
Clicker neben dem Bein:
1 x Clicken + 1 Stück Futter geben (C&B)
3–4 Wiederholungen

Das Geräusch kommt jetzt näher. Wir schauen uns an, wie der Hund damit zurechtkommt.

Schritt 3
Clicker vor dem Körper
(beide Hände am Bauch):
1 x Clicken + 1 Stück Futter geben (C&B)
3–4 Wiederholungen

Es bedeutet eine Hilfe für ihn, wenn beide Hände des Menschen am Bauch gehalten werden. Würden Sie die Hände herunterhängen lassen, wäre der Hund verunsichert. Er weiß nicht, wohin er kommen soll. Mal orientiert er sich rechts, mal links. So ist er eher auf den Mensch konzentriert.

Schritt 4
Clicker vor dem Körper
(beide Hände am Bauch)
1. Schritt rückwärts gehen => der Hund kommt hinterher:
1 x Clicken + 1 Stück Futter geben (C&B)
3–4 Wiederholungen

Durch die Bewegung erhalten Sie das Interesse des Hundes. Ein zusätzlicher Vorteil dieses Übungsschrittes: Sie clicken bereits für die Handlung, dass er auf Sie zukommt!

Schritt 5
Testen Sie den Lernerfolg
Der Hund schaut kurz weg:
1 x Clicken

Guckt der Hund Sie wieder erwartungsvoll an, hat er die Verknüpfung Click und Futtergabe verstanden = **C&B**!
Die Konditionierung ist somit erfolgt, die Übungsreihe ist erfolgreich **abgeschlossen**.

Jetzt braucht Ihr Hund eine kurze Pause. Er muss das Gelernte erst verarbeiten.

Tipp:
➡ Falls Sie sich einen anderen Clicker zulegen oder sollten Sie den Clicker nach einer längeren Pause wieder hervorholen, empfehle ich Ihnen, diesen neu zu konditionieren.

Target-Training – Touchen (Teil I)
Durch diese Übung können Sie sehr gut erkennen, wie das Click-&-Treat-Training von Ihrem Hund angenommen und verarbeitet wird – schnell, langsam, desinteressiert oder überanstrengt?

Sie brauchen:
- einen Trainingspartner oder alternativ
- einen langen Kochlöffel
- einen Clicker
- Belohnungshappen

Die Aufgabe lautet:
Der Hund soll herausfinden, dass ein Berühren der Hand mit seiner Nase ein Clicken auslöst. Für ihn bedeutet Clicken = Futter! Dieses Versprechen muss sofort eingelöst werden.

Das Ziel ist es, dass der Hund am Ende zielstrebig mit der Schnauze die Hand berührt.

Wann wird geclickt?
In der Sekunde, in der der Hund die gewünschte Handlung zeigt.
Am Besten setzen sich beide Personen in einem ca. 45°-Winkel zueinander hin. Der Hund sollte

die Möglichkeit haben, sich zwischen beiden hin und her zu bewegen. Einer hält den Clicker in seiner geschlossenen Hand.

Eine Tüte mit Futter steht, für den Hund nicht erreichbar (!), in unmittelbarer Nähe.

Der Trainingspartner hält (wenn Sie bereit sind!) eine Handfläche nach vorne gestreckt. Sie können die Hand eines Trainingspartners durch einen Kochlöffel oder eine Fliegenklatsche ersetzen. Zu beachten ist: Der Hund darf keine Angst davor haben.

Wichtig ist:

Um in der richtigen Sekunde clicken zu können, müssen Sie entsprechende Bewegungen des Hundes sofort wahrnehmen. Schauen Sie bitte Ihren Hund nicht direkt an, sonst wird er sich von Ihnen angesprochen fühlen und auf andere Weise mit Ihnen kommunizieren wollen.

Sollte er die Übung nicht gleich verstehen, darf Ihr Trainingspartner mit der Hand leicht nachhelfen. Er kann z.B. seine Hand in unmittelbare, seitliche Nähe des Kopfes bringen. Wenn sich der Hund jetzt »zufällig« zur Hand wendet, können Sie clicken, sollte der Hund die Hand berühren.

Wiederholungen:

Hat der Hund diese Übung zwei bis drei Mal richtig gemacht, legt er meist von selbst eine Denkpause ein. Er beginnt, »etwas Anderes« zu machen, z.B. zu schnuppern, herumzulaufen, etc. Oder er versucht, auf seine Art an das Futter zu kommen. Er wird Auszüge aus seinem Repertoire zeigen (z.B. Anbellen, Anspringen, Platz, Sitz, usw.). Je nach Hundetyp! Das kann manchmal sehr interessant sein. Üben Sie sich in Geduld, er hat die vorangegangene Übung

Tipp:

Fällt es dem Hund sichtlich schwer, die Hand von sich aus zu berühren, kann man stufenweise vorgehen. In diesem Fall kann bereits ein Blick zur Hand bestätigt werden. Im weiteren Verlauf wird bis zu einer Berührung der Hand hingearbeitet. Siehe unter: »Shaping« (Formen).

anschließend meist gut verdaut und macht weiter, als ob nichts gewesen wäre!

Sowie der Hund die Übung verstanden hat, hören Sie sofort mit Erfolg für den Hund (Jackpot!?) auf.

Jetzt braucht Ihr Hund eine kurze Pause. Er muss das Gelernte wieder einmal verarbeiten.
Bei Interesse kann man die Übung später »verfeinern«.

Sitz-Übung

Viele Hunde kennen das Kommando Sitz bereits. Sie bieten es oft im Zusammenhang mit dem Betteln an. In der Erziehung wird häufig die exakte Umsetzung nur zögerlich angeboten.

Sie brauchen:
- **Belohnungshappen**
- **einen Clicker**
- **einen hungrigen Hund**

Die Aufgabe lautet:
Der Hund soll sich ohne Kommando hinsetzen.

Das Ziel ist, dass er durch den Clicker das Sitz zügig und gerne von sich aus anbietet.

Wann wird geclickt?
Kurz vor dem Hinsetzen, bevor das Hinterteil den Boden berührt!
Zum Übungsbeginn soll der Hund **ohne** Kommando (Handzeichen und Körpersprache!) dazu gebracht werden, SITZ zu machen.
Wie geht das? Probieren Sie es gleich mal aus, gerne ohne weiterzulesen!

Wie war es? Hoffentlich leichter als gedacht! Wir Menschen sind sehr kompliziert und stehen uns oft selbst im Weg. Einfach ausprobieren, und prompt wissen wir wie! Nur Mut ...
Wenn Sie neutral, aufrecht und entspannt vor Ihrem Hund stehen, geht es einfacher. D.h. der Clicker ist in der geschlossenen Hand, beide Arme hängen seitlich herunter. Jetzt sprechen Sie den Hund nur mit seinem Namen an und warten.
Der Hund setzt sich hin = Click + Belohnung (C&B)

1. Hilfestellung
Halten Sie bitte ein Futterstück in der anderen Hand. Nehmen Sie jetzt beide Hände vor den Bauch. Warten Sie.

2. Hilfestellung
Nehmen Sie die Belohnung in die Hand und führen Sie sie, von vorne kommend, langsam über die Hundenase in Richtung Stirn. Ihr Hund

> **Versprechen Sie, dass Sie falsches Verhalten** (das, was SIE nicht sehen möchten!) **ignorieren!**
>
> Es könnte passieren, dass der Hund (durch den Futtergeruch animiert) einiges aus seinem Repertoire anbietet, in der Hoffnung, auf seinem Wege an das Futter heranzukommen. Warten Sie auf das von Ihnen gewünschte Verhalten. Halten Sie durch!
>
> Dabei gilt: Schauen Sie dem Hund nicht in die Augen, solange er die Übung nicht korrekt ausgeführt hat. Anschauen bedeutet für den Hund Ansprache. Aufmerksamkeit in einer Phase, in der der Hund eigentlich ignoriert werden muss, ist eindeutig zweideutig!

sollte mit seiner Nase an der Belohnung »kleben«. Dabei wird er dem Stückchen mit der Schnauze nach oben folgen und sein Hinterteil automatisch ins Sitz bringen.

Wichtig ist:

Es muss darauf geachtet werden, dass nicht in einem Moment geclickt wird, in dem der Hund die Übung plötzlich abbricht und nicht zum Sitzen kommt. Das Clicken sollte nur die gewünschte Handlung »Ins-Sitz-Gehen« bestätigen.

Wiederholungen:

Nach vier bis fünf Wiederholungen in einer Übungseinheit haben Sie das Gefühl, Ihr Hund hat die Übung verstanden.

Die **Signaleinführung** »SITZ« kommt erst, wenn der Hund die Handlung automatisiert. Bei dieser Übung geschieht das sehr schnell – nach ca. 5–6 Tagen!

a) Zunächst kommt das Signal, während der Hund dabei ist, sich hinzusetzen. Ebenso das C&B.

b) Dann kommt das Signal kurz vorher, sobald die Andeutung der Handlung sichtbar ist. C&B weiterhin während der Ausführung.

c) Erst wenn Sie das Gefühl haben, er hat dies gut verknüpft, kann das Kommando im Voraus gesagt werden, um die Handlung einzuleiten. Das C&B erfolgt, wie bisher, während der Handlung.

Jetzt ist das Signal erfolgreich eingeführt. Bei dem Signal SITZ bestätigen wir nun nicht mehr ein spontan aufgetretenes Verhalten, sondern die Ausführung des Kommandos.

Gehen Sie hier bitte schrittweise vor, machen Sie genügend Wiederholungen (je nach Hund).

Lesen Sie hierzu auch: Kapitel Nr. 3 / »Variable Bestärkung« / »Zufallsbestärkung«.

Sitz-Übung an der Straße

Diese Übung ist mit dem Clicker ganz leicht und dauerhaft beizubringen. Es ist etwas, das bei automatischer Durchführung vom Hund, sehr angenehm ist. Dadurch wird auch eine eventuelle Gefahr an der Straße minimiert.

Wenn der Hund gesundheitliche Probleme hat, z.B. mit der Hüfte, kann es auch in »Stehen bleiben« (STEH oder STOP) umgewandelt wer-

den. Schauen Sie, was Ihr Hund am liebsten anbietet und was für ihn besser ist. Viele Hunde möchten lieber stehen bleiben, sind dafür aber zu unruhig – Sitz ist hier empfehlenswert. Wenn die Hunde älter werden, kann es immer noch in »Stehen bleiben« umgewandelt werden.

Sie brauchen:
- **Belohnung**
- **einen Clicker**
- **einen motivierten Hund** (angeleint)

Die Aufgabe lautet:
Der Hund soll sich, ohne Kommando, hinsetzen.

Das Ziel ist es, dass er sich immer zuverlässig von alleine am Straßenrand hinsetzt.

Wann wird geclickt?
In der Sekunde, in der der Hund sich hinsetzt. Probieren Sie es ruhig aus, ob der Hund sich von alleine hinsetzt, damit Sie ohne Hilfen clicken können ... Sie würden sicherlich sehr lange herumstehen. Ich gebe dem Hund, in dieser oft erwartungsvollen Situation, gerne einen Hinweis.

Hilfestellung
Halten Sie ein Futterstück in der Hand, die beim Hund ist. Warten Sie ab, was der Hund dafür

Diese Hundebesitzerin wartet ab, ob der Hund das anbietet, was sie sehen möchte (Sitz). Es hat geklappt: C&B! Besser wäre es gewesen, sie hätte ihn dabei nicht angeschaut. Der Hund sollte sich ohne die Beeinflussung durch den Besitzer entscheiden können.

»anbietet«. Das Sitz wird ziemlich schnell angeboten = **C&B.**

Wichtig ist:

Achten Sie dabei auf Ihre Körperhaltung! Bitte nicht über den Hund beugen. Schauen Sie ihn auch nicht direkt an, aber sehen Sie zu, dass er mitbekommt, dass Sie ein Futterstück in der Hand halten.
Werden Sie nicht ungeduldig!

Wiederholungen:

Bei jedem Überqueren der Straße wird tapfer abgewartet. Sollten Sie unterwegs keine Straßen zum Üben haben, gehen Sie am Ende vom Spaziergang eine Extra-Runde.

Weniger ist mehr

 Das Schöne beim Clicker-Training ist, dass der Hund lernt, etwas anzubieten, ohne dafür erst ein Kommando zu bekommen. Wenn Sie dem Hund in dieser Situation mit dem Kommando Sitz »helfen«, wird er dies in Zukunft immer von Ihnen brauchen, um sich hinzusetzen. Schade, wenn es anders doch so leicht geht ...
Sagen Sie lieber gar nichts und warten ab. Erst wenn der Hund sich hinsetzt, folgt C&B. Dann wird weitergelaufen. Hier kann es sein, dass er nach dem Click lieber das »Loslaufen« als Belohnung haben möchte. Dies passiert häufig gerade am Anfang eines Spaziergangs. Auf dem Heimweg wird das Futter gerne wieder als Belohnung genommen.

Guck-Übung

Das Kommando »Guck« ist etwas ganz Tolles. Es gibt viele Variationen, z.B. Schau, Guck mal, etc. Jeder Hund sollte es können. Hat es ein Hund einmal gelernt, kann man darüber seine volle Aufmerksamkeit einfordern.
Der Mensch kann den Hund sofort auf sich umlenken. Das wird in vielen Situationen gebraucht, z. B. Leinenaggression, Angst- und Jagdverhalten, usw. Auch während des »normalen« Trainings ist es empfehlenswert, die Aufmerksamkeit des Hundes zu haben, bevor man etwas von ihm verlangt.
Wenn der Hund nicht immer erst korrigiert werden muss, weil er mit seiner Aufmerksamkeit völlig woanders ist, muss nicht andauernd negativ gearbeitet werden. Eine einfache Art der Unterstützung!

Sie brauchen:

- **Belohnung**
- **einen Clicker**
- **einen motivierten Hund**

Die Aufgabe lautet:

Der Hund soll Ihnen in die Augen gucken/schauen.

 Wenn Sie sich das Futter direkt neben die Augen halten, werden Sie nicht erkennen können, ob der Hund Ihnen in die Augen oder auf das Futter schaut!
Die Übung soll so schnell wie möglich ohne Futterhand funktionieren. Das geht nur, wenn der Hund die Übung verstanden hat = richtiges Timing beim Clicken!

Richtig.

Falsch.

Das Ziel ist es, dass er Ihnen von sich aus gerne und erwartungsvoll in die Augen schaut.

Wann wird geclickt?

In der Sekunde, in der der Hund mit Ihnen Blickkontakt hat.

Unabhängig von Ihrer Ausgangsposition versuchen Sie, zufälligen Augenkontakt Ihres Hundes mit einem Click & Belohnung (C&B) einzufangen. So dass der Hund versteht, für was Sie gerade clicken. Das erreichen Sie durch ein korrektes Timing.

Im Unterricht erlebe ich häufig Ignoranz und Desinteresse von Seiten des Hundes. Ebenso traut sich oftmals ein Hund einfach nicht und schaut nur bis auf Brusthöhe. Hier muss oftmals dann mit Hilfestellung gearbeitet werden.

1. Hilfestellung

Halten Sie ein Futterstück in der rechten oder linken Hand, führen Sie dabei Ihren Arm seitlich nach oben. Mit genügend Abstand zwischen Augen und Futter kann besser erkannt werden, ob der Hund Augenkontakt aufnimmt oder nach dem Futter sieht.

Er muss folgendes lernen: Um das Futter zu bekommen, muss er über den Augenkontakt gehen (in die Augen schauen) = C&B.

2. Hilfestellung

Sie dürfen nette Geräusche von sich geben (z. B. Schnalzen), damit der Hund Sie anguckt = C&B.

Wichtig ist:

Achten Sie dabei auf Ihre **Körperhaltung**! Bitte beugen Sie sich nicht über den Hund. Ihre Körpersprache ist dabei zu intensiv, der Hund wird unter Umständen mit Wegschauen antworten oder sogar mit Weggehen!

Fühlt er sich von Ihnen bedroht, wird er Augenkontakt vermeiden!

Bitte **niemals mit verärgerter Stimmlage** das »Guck« einfordern! Wenn Ihre Stimme (auch in der Zukunft!) negativ ist, z.B. weil Sie sich darüber aufregen, dass er Sie nicht anschaut, wird er alles Mögliche tun, nur nicht Sie angucken.

Unbedingt auf **korrektes Timing** achten. Sowie Ihnen der Hund kurz in die Augen schaut = C&B.
Hierbei darf sich **die Futterhand nicht bewegen**, sonst schaut der Hund möglicherweise während des Clickens auf die Futterhand! Fatal! Damit hätte er sofort gelernt, dass Wegschauen statt Hinschauen erwünscht ist!

Tipp:

➔ Stellen Sie sich vor, Sie möchten ein Foto von Ihrem Hund machen. Dabei soll er in die Kamea gucken. Der Auslöser der Kamera entspricht dem Clicker. Jetzt knipsen Sie los!

Wiederholungen:

Zuhause wird jetzt jede Möglichkeit genutzt, die Guck-Übung einzubauen. Mit dem Hinstellen der Futterschüssel wird ein Guck verlangt. Der Clicker kommt, sobald der Augenkontakt hergestellt wurde. Das damit gegebene Versprechen »Futter« oder »Spielzeug« folgt sofort. Wer sein Lieblingsspielzeug oder einen Kauknochen haben möchte, ... etc. Üben, Üben, Üben.
Wenn der Hund verstanden hat, dass er über ein »Guck-Anbieten«, ein Click bekommt und damit sein Ziel (Motivation/Reiz) erreicht, lernt er dabei, dass es sich lohnt mitzumachen. Er kommt ans Ziel, wenn er sich an seinem Menschen orientiert. Es könnte sich ja lohnen ... – für beide!

Sehr gute Variante für beide, bei – Konzentrationsproblemen, Angst, Vertrauens-Übung, usw.

Die **Signaleinführung** »GUCK« kommt erst hinzu, wenn der Hund die Handlung automatisiert hat. Auch bei dieser Übung geschieht das ziemlich früh.

a) Zunächst kommt das Signal, während der Hund Blickkontakt aufnimmt.

b) Dann kommt es kurz vorher.

c) Erst wenn Sie das Gefühl haben, er hat es gut verknüpft, kann das Kommando im Voraus gesagt werden.

Anmerkung:
Gehen Sie hier bitte schrittweise vor, machen Sie genügend Wiederholungen (je nach Hund).
Lesen Sie hierzu auch: Kapitel Nr. 3/»Variable Bestärkung«/»Zufallsbestärkung«.
Ihr Hund wird sonst unter Umständen das Interesse verlieren, die Handlung selbst gerne anzubieten.

Platz-Übung

Platz bekommt man nicht so einfach angeboten, da Liegen generell eine ungünstige Ausgangsposition für Hunde ist. Insbesondere, wenn sie flüchten möchten! Gerade ängstliche Hunde tendieren zu Fluchtverhalten.

Sie brauchen:
- **Belohnung**
- **einen Clicker**
- **einen motivierten Hund**

Die Aufgabe lautet:
Der Hund soll sich ohne Kommando hinlegen.

Das Ziel ist es, dass er durch den Clicker das Platz zügig und gerne von sich aus anbietet.

Wann wird geclickt?
Sowie die Handlung »Ins-Platz-Gehen« gezeigt wird = kurz bevor der Hund tatsächlich liegt, muss bereits geclickt worden sein.
Aber aufgepasst! Bei der Platz-Übung kann es Schwierigkeiten geben, wenn der Hund die Übung über Druck (er wurde am Po heruntergedrückt, etc.) kennengelernt hat. Das Risiko ist hoch, dass er die angefangene Handlung abbricht. In diesem Fall ist es wichtig, darauf zu achten, dass erst geclickt wird, wenn der Hund über seine gesamte Körperlänge, einschließlich Po!, Bodenkontakt hat. Sonst lernt er: Allein das Andeuten des PLATZ lohnt sich!
Probieren Sie es zuerst wieder selbst aus. Lassen Sie Ihren Hund **ohne** Kommando und Handzeichen (!) PLATZ machen.
Wie war es? Häufig schwieriger als gedacht!

1. Hilfestellung
Machen Sie es wie zuvor in der Sitz-Übung. Aber ziehen Sie die Hand mit dem Futterstück geradewegs von der Nase zum Boden senkrecht nach unten. Erst wenn er sich hinlegt = Click + Belohnung (C&B).

 Häufiger Fehler bei der Platz-Übung: Der Clicker darf beim Clicken niemals in das Gesicht des Hundes gehalten werden. Viele Menschen verstehen gar nicht, dass ihre Hunde nach einigen Wiederholungen weggehen. Ihnen ist nicht klar, dass der Hund ein zunehmend negatives Gefühl entwickelt hat. Dies versucht er, über Bewegung/Weggehen loszuwerden!

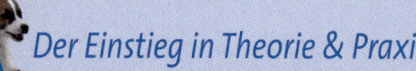

> ➡ »Ins-Platz-Gehen« ist beim Hund oft eine reine Kopfsache. Wichtig ist, dass man ihm die Unsicherheit nimmt. Hat er einmal Vertrauen in die Situation gewonnen, ist es für ihn in Ordnung sich hinzulegen. Ist dieses Ziel erreicht, kann auch anderswo geübt werden. Auch an Orten, an denen sich der Hund bisher nicht so sicher gefühlt hat!

tion wahrzunehmen – dort angekommen ist, gehen die Knie mit ganz leichtem Druck nach unten. Sowie der Hund dem leichten Druck nachgibt und sich hinlegt = C&B – und der Druck löst sich sofort, indem die Knie wieder nach oben gehen.

Dies kann auch im Stehen, mit einem Bein ausprobiert werden. Sollte sich der Hund, bedingt durch die menschliche Körpersprache, dabei aber sehr unwohl fühlen, ist hier die erste Variante zu empfehlen.

2. Hilfestellung

Wenn der Hund in eine unvollständige PLATZ-Position geht, von mir »Hebebühnen-Stellung« genannt, kann man über eine variierende Futterstückführung eine Korrektur erzielen. Statt senkrecht zum Boden, wird das Futterstück von der Nase ausgehend in Richtung Brustkorb geführt (man kommt nie am Brustkorb an!). Wenn der Hund mit seiner Nase folgt, dreht er dabei sein Hinterteil und legt sich seitlich hin = C&B!

Vorher lohnt es sich zu schauen, ob eine Tendenz zu einer bestimmten Seite besteht. Dies sollte genutzt werden.

Für Hunde, die nicht gerne PLATZ anbieten:
Der Mensch setzt sich mit angewinkelten Beinen auf den Boden und versucht, den Hund spielerisch unter seine Knie zu locken. Wenn der Hund – möglicherweise ohne seine Posi-

Anmerkung:
Bei der sogenannten Hebebühnen-Stellung legt sich der Hund geradewegs nach unten ab, ohne dabei sein Hinterteil umzulegen. Dadurch ist es ihm leichter möglich, nach der Futtergabe auch geradewegs wieder hochzugehen. Kommt Ihnen das bekannt vor?!

Wiederholungen sollten mehrmals täglich stattfinden. Gerne auch einfach mal, wenn Sie mit dem Hund unterwegs sind.
Die **Signaleinführung** (PLATZ) kommt erst dann hinzu, wenn Sie erkennen können, dass der Hund auf dem Weg ist, sich in das Platz zu legen. Auch hier gilt: Das Signal kommt, während er sich hinlegt.

Beim PLATZ ist besonders wichtig, dass das Kommando auf gar keinen Fall zu früh kommt, solange der Hund in der Ausführung nicht sicher ist.
Lesen Sie hierzu auch: Kapitel Nr. 3 – »Variable Bestärkung«/»Zufallsbestärkung«.

Ärgern Sie sich bitte nicht, falls er nach dem Clicken für die Futtergabe sofort wieder aufsteht. Er handelt korrekt, solange er sich noch im Anfangsstadium der Übung befindet.
Versuchen Sie ein **Ansatzverhalten** »Liegenbleiben«, durch mehrere Clicks schnell hintereinander (Immerbestärkung) zu bekommen (jedes Click = C&B!). Sie haben schon für das Liegenbleiben geclickt, bevor der Hund aufsteht. Hierbei dürfen Sie **die Futterbelohnung nicht aus der Hand geben**. Legen Sie sie unbedingt auf den Boden zwischen die Hunde-Pfoten. Der Hund kommt sonst dem Futter gerne entgegen ... Er steht dafür auf und genau das möchten wir nicht! Später wird er durch Öffnen des Zeitfensters in dieser Übung lernen, länger liegen zu bleiben.
Auf jeden Fall ist ein Hund, der gerne PLATZ anbietet, ein sehr angenehmer Begleiter.

Tipp:

 Das »Platz« sollte man so oft wie möglich mit dem Clicker »einfangen«! Das klappt sehr gut, wenn man dies z.B. am Ende eines Spaziergangs übt, dann wird der Hund eventuell müde sein und sich von alleine hinlegen wollen. Oft legt er sich auch von selbst hin, wenn man sich mit jemandem länger unterhält = C&B!

Verhalten beeinflussen & weitere Praxis-Übungen

- Wie lässt sich Verhalten beeinflussen?
- Verhalten weiterhin bestärken
- PRAXIS-Übungen

Wie lässt sich Verhalten beeinflussen?

Sie haben inzwischen erfahren, **dass der Hund sein Verhalten zeigt, um für sich selbst etwas zu erreichen ...**
- er ist ein »Egoist«,
- er will erreichen, was er haben möchte,
- er wird immer darauf achten, dass es sich für ihn lohnt,

und um etwas zu vermeiden ...
- er will Unangenehmem aus dem Weg gehen,
- er will unnötige Anstrengungen vermeiden.

Ganz vereinfacht, ergeben sich aus diesen beiden Strategien zwei wesentliche Wege, wie wir den Hund erreichen können. In der Hundeerziehung werden sie für sich alleine, in Reinform, oder in Mischformen eingesetzt.

Der effektivere Weg, auf den Hund einzuwirken, ist eindeutig der, bei dem die gewünschten Grundbedürfnisse des Hundes erfüllt werden. Das erzeugt bei dem Hund ein Wohlbefinden, was dazu führt, dass er eine Wiederholung anstreben wird. Für die Zukunft heißt das, dass wir bei richtiger Formung ein etabliertes Verhalten erreichen können.

Der Mensch kann auf vier unterschiedliche Weisen einem Verhalten des Hundes begegnen, und mit so genannten Konsequenzen auf ein angebotenes Hundeverhalten reagieren. Es gibt verstärkende und bestrafende Konsequenzen. Verhalten ist durch seine Konsequenzen bestimmt.

Im Folgenden ist zu beachten, dass die Begriffe »positiv« und »negativ« im mathematischen Sinne gemeint sind und nicht emotional wertend. Diese Begrifflichkeit führt leider häufig zu Verständnisproblemen.

Verstärkung

Verstärkende Konsequenzen sorgen dafür, dass Häufigkeit, Dauer und Intensität eines Verhaltens gesteigert wird.

(+) positiv
= als Konsequenz auf ein gezeigtes Verhalten erhält der Hund etwas, was er mag.
z.B. Verstärkung durch Futter:

Verhalten > verstärkt durch Geben von etwas Lohnendem

(-) negativ
= als Konsequenz auf ein gezeigtes Verhalten des Hundes, wird ihm etwas negativ empfundenes genommen.
z.B. Verstärkung durch Unterlassung. Der Hund zieht in einem Moment nicht an der Leine, dafür ruckt jetzt der Mensch nicht mit der Leine am Halsband!

Verhalten > verstärkt durch Unterlassen einer Unannehmlichkeit

Bestrafung

Bestrafende Konsequenzen dagegen, mindern ein Verhalten.

(+) positiv
= als Konsequenz wird etwas hinzugenommen, was der Hund nicht mag, etwas Unangenehmes
z.B. Bestrafung durch Nutzung eines Stachelhalsbandes, Zufügung von Schmerz

Verhalten > Bestraft durch Zufügung von etwas Unangenehmem, z.B. Schmerzen

(-) negativ
= als Konsequenz wird etwas vorenthalten, weggenommen
z.B. Bestrafung durch Wegnahme von Spielzeug o.Ä.

Verhalten > Bestraft durch Entziehen von etwas Angenehmem

Mensch und Hund können unter Umständen über Handlungen verschiedener Auffassung sein!
Manchmal macht der Hund Unfug, um mit seinem Verhalten Aufmerksamkeit auf Seiten des Menschen zu erzeugen. Wendet sich der Mensch dadurch seinem Hund zu, und sei es nur, um mit ihm zu schimpfen, ist das aus Sicht des Hundes eine positive Verstärkung. Er hat Aufmerksamkeit gewonnen. Der Mensch hingegen meint, er habe ihn erfolgreich »bestraft«.

> Um Verhalten zu ändern oder zu fördern, müssen wir uns Folgendes fragen:
> **Was** macht der Hund gerade?
> **Was daran** lohnt sich für ihn?
> Je nach Motivationsgrundlage wählen wir den Weg unseres Einwirkens.

Ganz so einfach ist es in der Praxis leider nicht. ALLES, was auf den Hund – in dem Moment der Erfahrung einer Konsequenz seines Verhaltens – einwirkt (hören, fühlen, riechen, usw.), kann von ihm mit einbezogen werden. Diese Verknüpfung kann zukünftig sein Verhalten mit beeinflussen!
Seine Aufnahme und Verarbeitung von Informationen können Sie nicht unterbinden. Es ist aber sehr wichtig, dass Sie es wahrnehmen.

Nur dann haben Sie die beste Voraussetzung, es teilweise zu »löschen« oder das Ganze zu mildern, um es später mit Positivem zu überlagern.

Beispiel: Um eine Schafherde herum ist ein Elektrozaun gespannt. Ihr Hund geht mit der Nase (!) dran und bekommt einen elektrischen Schlag ab. Mit was verknüpft er den Schmerz gerade?
Es passiert häufig, dass Sie es erst bei dem nächsten Spaziergang herausfinden, da der Hund selbst oft nicht weiß, wie er mit dieser Erfahrung umgehen soll, oder er hat es sogar ortsbezogen abgespeichert.

Es kann für Sie hilfreich sein, zu wissen, wohin Ihr Hund, in dem Moment des Schmerzes geschaut hat:
zu den Schafen?
zu den Vögeln, die gerade schreiend hochgeflogen sind?
zu dem Mofa, das eben mit Vollgas vorbeigefahren ist?
zu Ihnen? Hoffentlich nicht!

Es kann passieren, dass er vor dem Objekt, mit dem er den Schmerz verknüpft, in Zukunft Angst zeigt.
Angst vor:
- einem einzelnen Schaf oder gar der ganzen Herde.
- einem Vogel oder mehreren Vögeln, aber nur wenn diese auch schreien.
- vor einem Mofa, hauptsächlich wenn Gas gegeben wird.
- vor Ihnen, wenn Sie draußen sind oder sich in der Nähe von Schafen befinden.

Sie sehen, Ihr Hund kann es einzeln, aber auch mit mehreren Objekten gleichzeitig negativ verknüpft haben. Ich sagte es bereits, es ist nicht leicht!

Wenn man überhaupt einen Wunsch äußern darf:
Eine »Idealverknüpfung« wäre, er hätte es mit dem Hasen, der gerade weggerannt ist, verknüpft! Oder? Passiert sehr, sehr selten ...
Wegen der geringen Chance, darauf Einfluss nehmen zu können, ist es auch besser, es passiert erst überhaupt nicht ...

Auswirkungen beim Hund

Der über **positive Verstärkung** erzogene Hund wird unter Umständen eher
- fröhlich gestimmt sein,
- hoch motiviert sein,
- kreativ und aktiv sein,
- Wiederholungsbereitschaft zeigen,
- eigenständiges Verhalten anbieten,
- zum Ausprobieren gerne eigenes und erlerntes Verhalten anbieten.

Der **über negative Verstärkung** oder **Bestrafung** erzogene Hund wird unter Umständen eher
- neutral, zurückhaltend gestimmt sein,
- unerwartet in eine aggressive oder negative Stimmungslage verfallen,
- Meideverhalten zeigen,
- keine große Wiederholungsbereitschaft anbieten,
- ungern eigenes Verhalten anbieten,
- Befehle brauchen, um erlerntes Verhalten zu zeigen.

Beim Clickern wird ausschließlich positive Verstärkung angewendet. In der Folge arbeiten wir mit einem glücklichen, hoch motivierten Hund. Der Lernerfolg ist konstant und langfristig.

Verstärkung und Bestrafung dürfen **während** einer Clicker-Übung nicht nebeneinander eingesetzt werden, das würde beim Hund Frust erzeugen. Im Anschluss sicher auch Frust beim Menschen, da der Hund nicht mehr mitmacht.

Beispiel: Bei der Durchführung der Guck-Übung kann es dazu kommen, dass der Hund, in der Erwartung, Futter zu bekommen, den Menschen z.B. anspringt. In keinem Fall darf im Rahmen einer Clicker-Übung dieses Verhalten kommentiert werden.
Viele neigen dazu, jetzt »NEIN« oder »AB« zu sagen, statt dieses Verhalten zu ignorieren. Richtig wäre es, darauf zu warten, dass sich der Hund eigenständig korrigiert und in diesem Fall GUCK (Blickkontakt) als korrektes Verhalten anbietet = C&B!

> Unsere Aufgabe ist es, dem Hund dazu zu verhelfen, in unterschiedlichsten Situationen, »das Richtige« zu machen, damit wir ihn loben können. Er sollte beim Lernen freudig gestimmt sein. Dadurch wird er häufiger versuchen, uns das richtige Verhalten zu zeigen. Klar ist, dass wir dabei im alltäglichen Umgang das »Grenzensetzen« nicht außer acht lassen dürfen.

Wer hauptsächlich mit negativer Bestärkung arbeitet, muss dabei sehr konsequent sein ...
Da der Hund in diesem Fall nur durch Fehler lernt, muss er bei jedem Fehler eine Strafe erhalten, um zu wissen, was richtig ist. Kein Wunder, dass sich dann viele Hunde nicht trauen, etwas von sich aus zu zeigen.
Wer von uns möchte auf diese Art etwas dazulernen? Das kann kein guter Weg sein.
Es gibt (leider) genug Hunde, die eine Erziehung mit negativer Bestärkung/Bestrafung verkraften. Die Menschen, die solche Hunde möchten, werden (leider) immer fündig.
Lernen findet im Gehirn statt. Strafe bewirkt immer etwas Tiefgehendes. Sie erzeugt schlechte Laune oder sogar Aggressivität. Haben Sie das nicht auch schon erlebt?

> Leider glauben viele Menschen, dass sie »positiv« trainieren, nur weil sie jetzt ab und zu loben oder »sogar« mit Futterbestätigung arbeiten ...
> Schließlich ist es »IN«.
>
> Für einen Hund, der hauptsächlich mit negativer Bestärkung erzogen wird, und zwischendurch eine positive Bestärkung bekommt, hat diese eine ganz andere Bedeutung:
> Er bekommt gerade mal keinen Ärger, keine Zurechtweisung!
> Dieser Hund arbeit dennoch (immer noch) nur, um »Ärger« zu vermeiden!
> Ob das motivierend genug ist?
> Sicher nicht ...

Um zu erkennen, wie einem Hund etwas beigebracht wurde, muss man den Menschen dazu mit beobachten.

Wenn wir uns jetzt vorstellen, dass ein Hund ausschließlich über negative Verstärkung/Bestrafung trainiert wird, wie geht es ihm vermutlich nach 1–2 Stunden Training?
Wie würde es Ihnen gehen? Fühlen Sie nach!

Ein Beispiel: Ich hatte einmal einen ganz besonderen Maine-Coon-Kater, er hieß Charlie. Wenn ich mit ihm geschimpft hatte, suchte er sich eine meiner Hauskatzen oder sogar den Hund aus, um sie oder ihn zu vermöbeln!
Bei dem (armen) Hund setzte sich der Kater auf die Hinterbeine, um ihn mit seinen Vorderpfoten (inklusive Krallen!) zu schlagen! Der Hund stürmte dann jaulend davon. Dem Kater ging es dadurch viel besser, er war offensichtlich seine angestaute Aggression los!

Wenn wir uns jetzt vorstellen, dass ein Hund ausschließlich über positive Verstärkung trainiert wird, wie geht es ihm vermutlich nach 1–2 Stunden Training?
Wie würde es Ihnen gehen? Fühlen Sie nach!

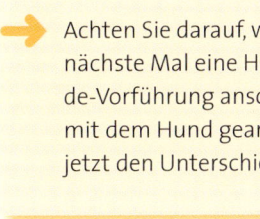

Achten Sie darauf, wenn Sie sich das nächste Mal eine Hunde-Show oder Hunde-Vorführung anschauen ... Wie wurde mit dem Hund gearbeitet? Würden Sie jetzt den Unterschied erkennen?

Verhalten weiterhin bestärken

Bei unserer Arbeit mit dem Hund geht es um Lernen – Festigen – Können. Diese jeweiligen Stufen erreichen wir über Verhaltensbestärkung.

Alles bisher Beschriebene ist der Einstieg, uns Zugang zur Lernfähigkeit und Intelligenz unseres Hundes zu verschaffen. Es geht nicht darum, dass wir nur auf dem Niveau – C&B = gewünschtes Verhalten wird bestätigt – mit dem Clicker arbeiten. So würde es uns niemals gelingen, von Clicker und Futter wegzukommen.

Ziel eines intelligenten Trainings ist, dass der Hund im weiteren Verlauf ohne Clicker und Futter zuverlässig einstudiertes Verhalten – anschließend unter Signalkontrolle – zeigen kann. Dadurch werden wir der intelligenten Spezies Hund erst gerecht. Und hundegerechtes Training ist wünschenswert. Oder nicht?

Variieren beim Bestärken

Sobald eine Automatisierung bei der Ausführung der Handlung eingetreten ist, kann durch Änderung der Bestätigungshäufigkeit Gelerntes gefestigt werden. Es erfolgt über ein »Ausschleichen« der Bestätigung mittels C&B – das begleitende mündliche Lob wird selbstverständlich beibehalten.

Variable Bestärkung

= Verhalten wird nicht mehr jedes Mal mit C&B bestätigt.

Der Einstieg wird über »Zwei zu eins« (2:1) gewählt, d.h. der Hund wird nur jedes zweite Mal bei richtiger Ausführung einer Handlung mit einem Click bestätigt. Je nach Lernstadium kann dies »gesteigert« werden. Mündliches Lob folgt weiterhin jedes Mal (1:1).

Zunächst einmal ist der Hund überrascht. Trotzdem – vielleicht auch gerade deswegen – wird er die Übung zunächst korrekt ausführen. Im weiteren Verlauf festigen wir hierüber das Erlernte.

Kommt es jetzt zu Desinteresse des Hundes, kann es sein, dass Sie zu früh mit der variablen Bestärkung angefangen haben! Oder der Hund macht Fehler (durch Verunsicherung). Sie haben bei einer Übung mit mehreren Möglichkeiten für den Hund, fälschlicher Weise variabel bestärkt. Hier ist die sichere Ausführung des Hundes wichtiger. Jeder korrekte Versuch wird bestätigt.

Zufallsbestärkung

= Verhalten wird nicht mehr regelmäßig mit C&B bestätigt.

Nach einem Einstieg über variable Bestärkung kann bei gutem Aufbau ab einer Frequenz von 3:1 mit der Zufallsbestärkung begonnen werden. (Nach meiner Erfahrung besser erst ab 5:1.) Durch variable und zufällige Bestärkung unterstützt man gezielt die futterunabhängige Wiederholungsbereitschaft des Hundes. Nach zuverlässigem Aufbau von Bestärkung, angefangen mit der Immerbestärkung, gibt unser Hund im Lernprozess jetzt nicht so schnell auf. Er ist fähig, auch wenn er nicht weiß, wann C&B kommt, seine Erwartungshaltung aufrecht zu erhalten; sei es über mehrere Wiederholungen hinweg oder über einen längeren Zeitraum. Erlerntes Verhalten wird so gefestigt.

> ➡ Späterer, überraschender Einsatz des Clickers wird dazu dienen, dass der Hund auch nach erfolgreicher Ausführung ein erlerntes Verhalten nicht vergisst = »löscht«. Außerdem werden Übungen darüber interessanter, statt langweilig! Auch Sie als Mensch sind für den Hund nicht »berechenbar« und bleiben dadurch spannender für ihn. Was wollen wir mehr?!

Verhaltenskette

= zusammengesetzte Handlungen werden in einzelne Aktionen aufgeteilt und von hinten nach vorne wieder zusammengefügt. **Das, was kommt, kann der Hund bereits. Das bestärkt!** Nur – hier bitte nicht zu früh zu viel verlangen.

Es gibt zwei Arten von Verhaltensketten. Bei den einen führt der Hund, auf ein Hörzeichen hin, gleich mehrere Aktionen durch. Während er bei der zweiten Variante jeweils für jeden einzelnen Bestandteil der Übung ein neues Hörzeichen erhält.

Aufbau: Schreiben Sie sich jeden einzelnen Bestandteil der Kette auf. Schauen Sie nach, ob Sie Ihrem Hund wirklich schon jeden Bestandteil beigebracht haben. Erst danach können Sie die einzelnen Teile von hinten nach vorne (nacheinander) zusammenfügen.

Apportier-Training – hier wird der Hund gerade losgeschickt.

Ein Beispiel: Ablauf des Apportierens:
In der Grundstellung sitzen – vom Menschen weglaufen – Objekt aufnehmen – Objekt zurückbringen – Vorsitzen – Objekt abgeben – zurück in die Grundstellung
I. Einüben der Teilhandlungen

1. Objekt abgeben = z.B. AUS/GIB
2. Vorsitzen = z.B. SITZ/ HIER
3. Objekt zurückbringen = z.B. APPORT/BRING
4. Objekt aufnehmen = z.B. NIMM
5. Vom Menschen weglaufen = z.B. VORAN
6. In der Grundstellung sitzen = z.B. BEI

II. Ausführen der Handlungskette = SUCH/APPORT

→ Wenn Hund und Mensch in manchen Situationen nicht weiterkommen, ist es eine tolle Sache, zu sehen, was möglich ist, wenn man das Ganze einfach einmal anders angeht!

Versuchen Sie, falsches Verhalten zu ignorieren. Haben Sie immer nur Ihr Ziel vor Augen!

PRAXIS-Übungen

Trick zum Kennenlernen von C&B

Bitte auf gar keinen Fall überspringen! Mitmachen lautet die Devise. Sie werden erfahren, wie wirkungsvoll der Clicker in Ihrer Hand ist, mit welcher Leichtigkeit Sie selbst in der Lage sind, Verhalten zu beeinflussen und zu formen.

Sie brauchen:

- **einen Karton oder Ähnliches (Auch hier gilt: Der Hund darf davor keine Angst haben.)**
- **einen Clicker & Belohnungshappen**
- **einen hungrigen Hund mit der Motivationsgrundlage Futter**

Die Aufgabe lautet:

Ihr Hund soll anhand des Click-Geräusches herausfinden, was Sie gerne von ihm sehen möchten. Entscheiden Sie sich sinnvoller Weise für etwas, was er gerne anbieten wird.

Das Ziel ist?

Sie sollten sich vorher überlegen, was Sie vom Hund sehen möchten.
Wie schätzen Sie Ihren Hund ein? Wird er am Ende in den Karton hineinspringen? Oder wird er »nur« mit der Pfote oder mit der Nase drangehen?

Bevor Sie sich (mit Clicker, Futter und gut gelaunt) auf das Sofa setzen, müssen Sie das Ziel schon kennen. Ihnen muss klar sein, bei welchem Verhalten des Hundes Sie clicken müssen.

Wann wird geclickt?

Was könnte das Erste sein, was der Hund macht?

- Steht er vor Ihnen und schaut zum Karton? = **C&B**
- Geht er gleich zum Karton? = **C&B**
- Geht er mit der Nase oder Pfote daran? = **C&B**
- Springt er hinein? = **C&B**

Jetzt stellen Sie den Karton ca. 2 m von sich entfernt hin. Sofort müssen Sie Ihren Hund ganz genau beobachten, um im richtigen Moment zu clicken.
Das kann sein:

a) Er schaut den Karton an = **C&B**!
   Erst wenn er das zielsicher zeigt, hört man auf, dafür zu clicken.

Man wartet jetzt auf mehr:

b) Er geht ansatzweise in Richtung Karton = **C&B**

Damit aufhören, wenn er das zielsicher zeigt. Abwarten!
Bietet er etwas Neues an?

c) Er geht hin, ohne mit Nase oder Pfote dranzukommen. Er schaut Sie erwartungsvoll an ... Geduld!
   Er wird, wenn er nicht zu müde ist, etwas Neues ausprobieren.
   Hoffentlich mit der Nase oder Pfote drangehen = **C&B** – evtl. Jackpot und Pause?
   Siehe unter: »Shaping«.

Wichtig ist:

Achtung, nicht vergessen: Nach dem Click-Geräusch wird Ihr Hund gleich abbrechen, um zu Ihnen zu kommen und sein versprochenes

Futterstück abzuholen. Keine Sorge! Dennoch ist bei Ihrem Hund ein Lerneffekt eingetreten. Er wird das Erlernte umsetzen, es geht jedes Mal schneller voran.

Es sei denn, eine »Denkpause« ist angesagt. Vorsicht: Sollte der Hund vor Aufregung bellen, muss darauf geachtet werden, dass Sie nicht hierfür clicken und damit sein Bellen unterstützen!

Wiederholungen:

Die einzelnen Schritte dürfen ca. 5–10 Minuten dauern. Braucht der Hund länger, sollte der zuletzt erfolgreich durchgeführte Schritt mit einem Jackpot abgeschlossen werden. Nach einer ausgiebigen Pause wird dieser zunächst wiederholt, erst im Anschluss folgt eine Steigerung. Es ist an Ihnen, diese Übung weiter auszubauen.

Achten Sie auf ausreichende Pausen. Der Hund muss die Gelegenheit bekommen, das Gelernte zu verarbeiten. Das nächste Mal wird er in der Umsetzung sogar schneller sein.

 Auch wenn Sie es nicht gleich merken: Ihr Hund ermüdet hierbei schnell. Die wenigsten Hunde sind es gewohnt, mit dem Kopf mitarbeiten zu dürfen. Oftmals sind sie nur Befehlsempfänger ...

Auslastung im Kopf findet im Alltag häufig nicht statt. Aus diesem Grund sind solche »Tricks« für den Hund gut. Vor allem, wenn er anderweitig nicht ausgelastet werden kann, z.B. in Folge einer Erkrankung (von Mensch oder Hund).

Anmerkung:

Es kann sein, dass uns der Hund zwischendurch sein jahrelang eingeübtes Repertoire (Sitz, Platz, Bellen, etc.) zeigt, in der Hoffnung auf seine Art und viel schneller an das Futter zu kommen!

Nicht verzweifeln – eher innerlich lächeln!

Weitere Tricks

Lassen Sie Ihre Phantasie fließen! Der Hund kann so vieles noch lernen. Hier einige Beispiele: Er soll Ihnen einen Handschuh oder eine Socke ausziehen.

Er soll in einem Hula-Hopp-Reifen – SITZ, PLATZ oder STEH anbieten.

Er soll sein Spielzeug einsammeln und in die Kiste tun,

Er soll DOWN, Platz mit Auflegen des Kopfes auf den Boden, zeigen.

Siehe auch unter: »Touch aufbauen (Teil II)«/ »Andere Gegenstände Touchen«

 Während des Clicker-Trainings lernt der Hund zu lernen!

Versuchen Sie es einmal anders!

Der Trick eignet sich auch gut als **Gesellschaftsspiel für Menschen**! Derjenige, der den Hund spielt, verlässt den Raum. In der Zeit überlegen sich die anderen Teilnehmer, was der »Hund« machen soll.

Es sollte keine »Hundeaufgabe« (z.B. gegen irgendeine Hauspflanze das Bein heben) sein, sondern eine typisch menschliche Tätigkeit, z. B. ein bestimmtes Objekt vom Regal oder

Tisch aufnehmen. Sowie der »Hund« in die richtige Richtung geht, schaut usw., wird geclickt.

Allerdings muss hier die Belohnung nicht nach jedem Click kommen, sondern kann bis zum Schluss warten. Der Mensch braucht ja auch etwas anderes als Motivation!

Target-Training, Touch aufbauen (Teil II)

Der nächste Schritt ist abhängig von dem Gegenstand, der benutzt wurde, und wie zielgenau dieser berührt werden soll.

Vorteile einzelner Gegenstände:

Hand – Sie ist sehr geeignet zum Einstieg in die Übung. Gerade bei ängstlichen Hunden ist das Handtouchen sehr gut für unterwegs. Es ist überall leicht einsetzbar. Wenn der Hund z.B. wegen etwas Unwesentlichem, Objekten oder Menschen, erschreckt, kann der Mensch ihn durch Einsatz des Handtouchens dem Auslöser dafür näherbringen. Auch für das »Herankommen« einsetzbar.

Kochlöffel oder Ähnliches – Diese Gegenstände sind klasse im Anfangsstadium. Für das Kennenlernen des Touchens reicht ein Kochlöffel völlig aus. Der Gegenstand kann an anderer Stelle befestigt werden, der Hund wird zum Touchen geschickt. Das macht Hund und Mensch Spaß. Es ist für jeden und überall einsetzbar.

Zeige- oder Touchstab – Mit ihm ist eine Steigerung möglich. Der Hund lernt gezielt, nur an einer bestimmten Stelle, der Spitze des Stabes, zu touchen. Dies kann verwendet werden, um den Hund beim Fußlaufen zu führen. Besonders bei kleinen Hunden oder für Menschen mit Rückenproblemen ist das eine praktische Hilfe! Der Hund kann zielgenau an Gegenstände herangebracht werden, z.B. Lichtschalter (um sie auf Kommando an- oder auszuschalten).

Sie brauchen:

- **die Hand eines Trainingspartners, eine Fliegenklatsche**
- **einen Kochlöffel oder einen Zeige- oder Touchstab**
  (Auch hier gilt: Der Hund darf vor dem Gegenstand keine Angst haben.)
- **Clicker & Belohnungshappen**
- **einen hungrigen Hund**

Die Aufgabe lautet?

Der Hund soll anhand von Click-Geräuschen herausfinden, was Sie von ihm »sehen« möchten.

Was ist das Ziel?

Anfang: Der »Gegenstand« wird beliebig hingehalten, der Hund geht zielsicher hin und toucht.

Steigerung: Er soll nur an der Spitze touchen.

Wann wird geclickt?

Anfang: Die Hand oder der Gegenstand werden jetzt weiter weggehalten. Der Hund geht hin und toucht = C&B (sofort!).

Jetzt wird der Gegenstand erneut an einer anderen Stelle hingehalten, usw. Sowie die Übung zuverlässig umgesetzt wird, folgt eine Pause.

Steigerung: Nach kurzer Wiederholung (um das Interesse zu wecken) wird jetzt nicht mehr für das Touchen am gesamten Stab geclickt. Jetzt wird gewartet, bis der Hund austestet, an welcher Stelle – und (hoffentlich) ganz vorne, am Stabende – er touchen soll. Es folgt **C&B** (sofort!).

Wichtig ist:

Es könnte sein, dass Ihr Hund einen weiteren Zwischenschritt braucht. Dann können Sie zunächst clicken, wenn er im Bereich des letzten Drittels des Stabes toucht. Sie arbeiten sich damit gemeinsam an das Stabende heran. Eventuell notwendige Pausen nicht vergessen!

Wiederholungen:

Oft muss jeder Übungsteil 1–5 Mal wiederholt werden, bevor gesteigert werden kann.
Signaleinführung:
Wenn der Hund zielstrebig toucht, dürfen Sie schon anfangen. Siehe unter »Signaleinführung«.

Tipp:

→ Im Notfall (!), kann das Stabende mit Futter eingeschmiert werden. Das hilft aber nur kurzfristig. Der Hund wird in die Phase des »Austestens« zurückfallen, bevor er die Übung selbstständig korrekt ausführen kann. Nicht vergessen: Der Hund soll durch eigenes Ausprobieren ans Ziel kommen. Lernen!

Anwendungsbeispiele für den Touchstab:

- Fußlaufen
- Kriech-Übungen
- Slalomlaufen, eine Acht laufen, Drehungen, etc.
- Verbeugen

Andere Gegenstände Touchen:

Klar kann der Hund auch lernen, andere Gegenstände zu touchen, z.B. ein Buch. Hier kommt »sicheres« Klein-Kinderspielzeug gut zum Einsatz – es muss allerdings grobes Handling vertragen. Auch bewegliches Spielzeug ist ein Anfang.

Später kann damit mehr gemacht werden, z.B. mit einem Holz-Spielzeug-Auto mit vier Rädern. Möglicherweise gelingt es irgendwann, den Hund dazu zu animieren, dass er das Auto zum Rollen bringt!

Auch mit einem »Steh-auf-Männchen« kann (mit Feingefühl!) Spaß pur beim Hund herausgelockt werden. Und das sogar bei Hunden, die zunächst Angst davor haben ... Sie können zu Heldentaten gebracht werden! Für uns Menschen eine wahre Freude!

→ Das Touchen kann in vielen Alltagssituationen eine große Hilfe sein. Wege, die der Hund nicht gerne selbstständig wählt, z.B. ein Engpass, werden plötzlich gemeistert.

Ist das Touchen zu einem Gegenstand, wie z.B. zu einem Handtuch o.Ä. eingeübt, kann die Angst durch entsprechendes Positionieren dieses Gegenstandes und anschließendes Touchen überwunden werden – und der Hund geht plötzlich problemlos durch den Engpass.

Sie brauchen:

- **einen Gegenstand, Vorschlag: ein Buch.** (Für den Einstieg empfehlenswert, da es sich nicht bewegt.)
- **einen Clicker & Belohnungshappen**
- **einen hungrigen Hund**

Gehen Sie genau so vor, wie unter: Praxis-Übung/»Trick zum Kennenlernen von C&B«.

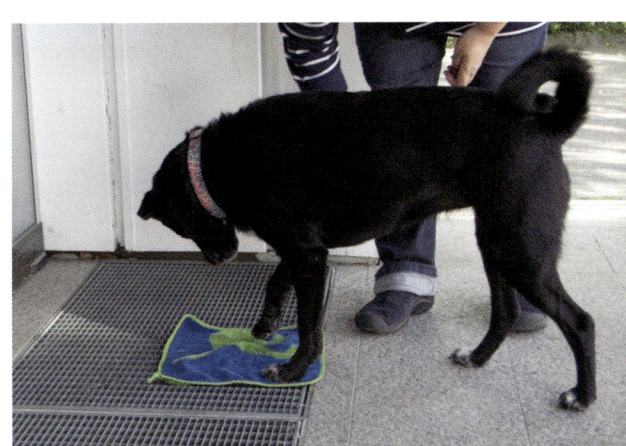

Signale & Praxis
für zu Hause

4

- Was sind Signale?
- Praxis für zu Hause

Was sind Signale?

Wir wissen, dass das Lernen im Gehirn stattfindet. Aber wie?

Als lebendiges Wesen nimmt der Hund ständig Signale aus der Umwelt auf. Diese werden von ihm bewertet und anschließend abgespeichert (verarbeitet). Je nach Verarbeitung verändert sich sein Verhalten, positiv oder auch negativ ...

Wie das Gespeicherte im Alltag verwendet wird, ist abhängig von der Lernfähigkeit des Hundes. Bei der Umsetzung gibt es große Unterschiede. Diese sind u.a. auch durch körperliche Voraussetzungen und die momentane Verfassung (auch psychisch) beeinflusst. Es ist sehr wichtig, zu erkennen, auf welche Art und Weise mein Hund Signale aufnimmt, was er mit ihnen macht.

Signale werden über Sinnesorgane wahrgenommen. Wir können sie dahingehend in der Reihenfolge der Reizempfindlichkeit benennen:

Gerüche	Nase	olfaktorisches Signal
Berührung	Haut	taktiles Signal
Sehen	Augen	optisches Signal
Geräusche	Ohren	akustisches Signal

In der Hund-Mensch-Beziehung muss der Mensch als Sender dafür sorgen, dass der Hund als Empfänger mit den Signalen etwas anfangen kann = Kommunikation!

Ein Signal veranlasst den Hund, ein bestimmtes Verhalten zu zeigen. Ob es ihm vom Menschen beigebracht wurde oder nicht.
Die Haustürklingel veranlasst den Hund z.B. dazu, zur Haustür zu laufen (uns Menschen übrigens auch!).

Da sich Hunde hauptsächlich über Körpersprache verständigen, wird ein optisches Signal eher wahrgenommen. Es ist für einen Hund eine von mehreren Möglichkeiten zu kommunizieren. Eine Kombination aus Sicht- und Hörzeichen ist zu empfehlen. Wenn mehrere Signale gleichzeitig eingesetzt werden, können sie sich Überschatten/Blockieren, d.h. der Hund wird nur eines davon wahrnehmen. Trennen Sie die Signale zuerst zeitlich voneinander. Kommt das Handzeichen vor dem Hörzeichen, dann ist es für den Hund (und den Menschen!) einfacher.

→ Gebe Sie keine widersprüchlichen Signale! Vergessen Sie nicht, dass Ihr Hund Ihre Körpersprache neben Ihrem Wort als Signal empfängt/liest …
Ein Beispiel: Sie rufen ganz ärgerlich nach Ihrem Hund, dabei stemmen Sie die Hände in die Seiten und »blasen« sich vor Ärger richtig auf!
Was erwarten Sie jetzt von Ihrem Hund? Sie rufen zwar KOMM, aber Ihre Körpersprache sagt: »Bleib bloß weg!«
Sie »stinken« für einen Hund förmlich nach Ärger!

Ausnahme: Ein solches Verhalten des Menschen kann bei ganz korrektem Erziehungsaufbau in einem speziellen Kontext eingesetzt werden. Sollte der Hund zuvor, bei korrekt eingesetzter Körpersprache das Kommando/ Signal KOMM missachtet haben, wird durch Änderung der Körperhaltung die dadurch hervorgerufene Missbilligung gezeigt. Jetzt wird dem Hund die Dringlichkeit des Signals auch auf Distanz deutlich gemacht.

Nähert sich daraufhin der Hund, wird selbstverständlich eine freundlichere Körperhaltung wieder vom Menschen eingenommen.

Es gilt für den Menschen (der Hund kann es ja schon!) zu lernen, Signale wahrzunehmen und entsprechend mit ihnen umzugehen. Ganz gleich, ob beim Senden oder Empfangen!

Typisches Missverständnis zwischen Mensch und Hund: Sie möchten, dass Ihr Hund Fuß läuft. Er aber möchte nicht so eng bei Ihnen laufen. Vielleicht sind Sie nicht so gut gelaunt, wie Sie selbst denken!?

Das finden Sie alles andere als toll und ermahnen ihn strenger, dennoch neben Ihnen Fuß zu laufen. Als Antwort entfernt der Hund sich noch weiter ....

Sie kochen gleich über vor Wut, rucken an der Leine und werden eventuell auch noch lauter mit Ihrer Stimme! Was passiert jetzt?

Der Hund wird alles Mögliche tun, um Ihnen seine Flanke oder sein Hinterteil zuzuwenden (Kopfabwenden alleine reicht dem Hund hier nicht mehr aus!), Blickkontakt zu vermeiden und sich evtl. auch noch um die Schnauze lecken! Er tut alles andere als bei Ihnen Fuß zu laufen!

Was macht dieser Hund denn da? Er versucht, Ihre Aufregung zu »dämpfen«, indem er Sie nicht mit Blickkontakt oder Näherkommen provoziert!

63

Überlegen Sie das nächste Mal besser, ob nicht etwas an Ihrer Art der Kommunikation gerade verkehrt läuft. Dann ändern Sie es sofort! Wetten, dass Sie dann auch Erfolg haben!

Signaleinführung

Wann?

Erst wenn der Hund die Handlung der Übung zu 100 % richtig zeigt und automatisiert hat, ist der Zeitpunkt erreicht, einen Schritt weiterzugehen. Diese Handlung wird nun unter Signalkontrolle gebracht. Diese kündigt die Folge eines Verhaltens an (Befehl, Kommando).

Wie?

Das Timing für C&B bleibt unverändert. Es erfolgt weiterhin im Verlauf/vor der endgültigen Ausführung der Handlung.

➡ Ein zugehöriges Kommando (Sprache, Handzeichen) wird hinzugefügt. Zunächst zeitnah zur Handlung (zeitnah zu C&B). Mit dem Ziel, es vor die Handlung zu stellen. Siehe unten beschriebene Übung.
In der Folge wird nicht mehr das spontane Auftreten von Handlungen bestätigt werden, sondern das Ausführen eines Kommandos!

Würde gleich von Anfang an ein Signal/Hörzeichen gegeben werden, wäre es für den Hund schwierig, dies als etwas Wichtiges und nicht nur als »Nebengeräusch« wahrzunehmen. Um es mit seinem eigenen Verhalten zu verknüpfen, müsste er sehr viele Wiederholungen ausführen. Dann lieber den direkten Weg – erst Handlung, dann Signal!
Ein Beispiel: Die **Signaleinführung** »PLATZ« kommt erst, wenn der Hund die Handlung automatisiert hat. Bei dieser Übung bitte langsam vorangehen!

a) Zunächst kommt das Signal, während der Hund dabei ist, sich abzulegen. Ebenso das C&B.

b) Dann kommt das Signal kurz vorher, d.h. sobald die Andeutung der Handlung sichtbar ist. C&B weiterhin während der Ausführung.

c) Erst wenn Sie das Gefühl haben, er hat dies gut verknüpft, kann das Kommando im Voraus gesagt werden, um die Handlung einzuleiten. Das C&B erfolgt, wie bisher, während der Handlung.

Erst wenn der Hund nur dieses Verhalten auf das gleichbleibende Signal hin ausführt, kann man von einer »Signalkontrolle« (kündigt die Folge eines Verhaltens an – Kommando) des Verhaltens sprechen.

Jetzt ist das Signal erfolgreich eingeführt. Bei dem Signal PLATZ bestätigen wir jetzt nicht mehr ein spontan auftretendes Verhalten, sondern die Ausführung des Kommandos.

Dennoch kann ich in neuen Übungssituationen das Bestätigen eines spontan gezeigten PLATZ für sinnvoll halten.

Gehen Sie hier bitte schrittweise vor, verwenden Sie genügend Wiederholungen (je nach Hund).

Lesen Sie hierzu auch: Kapitel Nr. 3/»Variable Bestärkung«/»Zufallsbestärkung«.

Generalisieren!

Etwas Eingeübtes muss jederzeit und überall ausgeführt werden können.
Weil Hunde situationsbezogen lernen, dürfen wir nicht immer an ein und demselben Ort üben. Sonst wirkt das Signal nicht an anderer Stelle. Bei Umgebungsänderungen bitte die Anforderungen zunächst wieder etwas senken!

Praxis für zu Hause

Anspringen zur Begrüßung

Hätten wir unseren Kopf in Kniehöhe, müsste der Hund nicht hochspringen, um uns die Mundwinkel oder das Gesicht zu lecken! Hunde begrüßen eben gerne auf »hundisch«!
Natürlich müssen wir es nicht über uns ergehen lassen, aber wir sollten schon wissen, warum sie dies tun. Wer es nicht mag, sollte es ändern.

Sie brauchen:
- **Belohnung** (kann hier auch die Aufmerksamkeit vom Menschen sein)
- **einen Clicker**
- **einen motivierten Hund**

Die Belohnung sowie Clicker haben Sie schon in der Hand oder in greifbarer Nähe!

Die Aufgabe lautet:
Der Hund soll die Vorderpfoten auf dem Boden haben/lassen.

Das Ziel ist, dass er Sie nicht mehr zur Begrüßung anspringt.

Wann wird geclickt?
Am Anfang: In der Sekunde, in der die Vorderpfoten auf dem Fußboden ankommen
= **C&B**!
Immer wieder wiederholen, bis er anfängt zu zögern – dann steigern.
Die Steigerung: Wenn der Hund vorhatte hochzuspringen, aber sich dann für das »Untenbleiben« entscheidet – in der Sekunde!
= C&B

Wiederholen Sie dies gerne mehrmals hintereinander, so lange die Begrüßungszeremonie noch stattfindet (sicherlich in der Zeit, in der Sie sich noch im Flurbereich befinden).
Wenn der Hund die Übung durch das Clicken verstanden hat, kann sie noch verfeinert werden, in dem auf »Das-Sitz-Anbieten« gewartet wird.
Siehe: »Zeitfenster« und »Shaping«

Wichtig ist:
Das Hochspringen nicht verbal unterbinden, sondern geduldig sein. Es zahlt sich aus!
Lachen wäre hier auch absolut fehl am Platz, da der Hund unsere erheiterte Stimmung sehr wohl bemerkt und dann vor Freude weiterhin hochspringen wird, siehe Foto unten.

Türklingeln/Besucher empfangen

Die meisten Hunde lernen sehr wohl, auf die Türklingel zu reagieren, da hier etwas passiert. Sie sind häufig regelrecht darauf konditioniert!

Bei Hunden, die hierbei Probleme bereiten – von Kläffen in das aggressive »Knurrbellen« übergehen, oder sogar nach dem Besuch schnappen (noch), wenn nicht schon nach vorne schießend angreifen (!) –, muss es dringend neu trainiert werden! Bloß nicht aufschieben – wehret den Anfängen!

Es gibt genug Hundebesitzer, die gar keinen Besucher mehr in die Wohnung lassen, da sie mit der Situation völlig überfordert sind. Klar, es ist ja dann auch sehr stressig. So muss es aber nicht sein.

Schritt 1 – Ins Bettchen gehen
Sie brauchen:
- **Belohnung**
- **einen Clicker**
- **einen motivierten Hund**
- **ein Hundebett oder einen Hundekorb**
  (Es ist leichter, wenn es ein »Bett« ist, in das der Hund gerne hineingeht.)

Die Aufgabe lautet:
Der Hund soll, von sich aus, das Bett/den Korb aufsuchen. Was er dort macht, sitzen oder liegen, ist völlig uninteressant!

Das Ziel ist, dass er zügig und gerne hineingeht. Anschließend soll er lernen, auf Kommando hinzugehen.

Wann wird geclickt?
Am Anfang: Je nach dem, was der Hund anbietet – geht er nur mit 1, 2 Pfoten oder weiter hinein?

Sowie die Pfote/-n drinnen ist/sind = **C&B**!

Die Steigerung: Wenn der Hund das Vorhandene zielsicher anbietet, nicht mehr durch Clicken weiterbestätigen, sondern jetzt auf 1, 2 Pfoten zusätzlich warten = **C&B** (Jackpot?! Falls Sie dazwischen Pausen einlegen müssen: Nicht vergessen, immer mit Erfolg für den Hund aufhören!) Ab hier wird nur mit Click bestätigt, wenn er alle 4 Pfoten drinnen hat.

Siehe unter: Kapitel Nr. 1 – »Shaping« & Kapitel Nr. 4 – »Signaleinführung«.

Wichtig ist:
Eine stetige, aber vor allem verständliche Steigerung muss erarbeitet werden, damit eine baldige Signalverknüpfung erlernt werden kann.

Beispiele für Signal/Kommando: »Bettchen«, »Körbchen« (gerne mit »chen« am Schluss, damit das Wort sich nicht zu hart und damit zu negativ anhört).

Wiederholungen:
Mehrmals täglich üben (Übungseinheiten à fünf Minuten).

Schritt 2 – Türklingel = »Bettchen gehen«

Da der Hund dabei den Flurbereich einer Wohnung voll und ganz in seinem Besitz hat, muss dieser vom Menschen »zurückerobert« werden. Dies bedeutet, dass der Hund lernen muss, dass er in diesem Bereich keine Entscheidungsfreiheit hat. Hier muss der Mensch zu agieren lernen.

Wer sollte entscheiden, ob Besuch in das Haus (Revier) darf, oder ob er »verjagt« werden muss? Der Hund? Sicherlich nicht!

Der Hund braucht aber eine Aufgabe und diese heißt später: melden dürfe, kurz bellen, um Bescheid zu sagen, dass da etwas ist. Anschließend übernimmt der Mensch. Auch dieser muss lernen ...

Sie brauchen:

- **Belohnung**
- **einen Clicker**
- **einen motivierten Hund**
- **ein Hundebett**
- **einen Übungspartner**

Die Aufgabe lautet:

Der Hund soll bei Ertönen der Haustürklingel sein Bettchen aufsuchen.

Das Ziel ist, dass er sofort hingeht.

Wann wird geclickt?

In dem Moment, wenn er im Bettchen ist. Am Anfang: Das Ansatzverhalten (ins Bettchen hineingehen) mit mehrmaliger Immerbestärkung (ca. alle 4 Sekunden wird geclickt) beibehalten.

Die Steigerung: Bereits jetzt machen Sie das Zeitfenster für die Übung auf und dehnen die Zeitspanne zwischen den Clicks aus – statt alle vier Sekunden clicken Sie alle sechs usw.). Siehe unter: Kapitel Nr. 1 – »Shaping«/»Zeitfenster«.

Wichtig ist:

Am Anfang (erster bis dritter Tag) muss der Trainingspartner Mensch gezielt rausgehen, um in kurzen Abständen (Dauer der Übung: höchstens fünf bis sieben Minuten), mehrmals hintereinander die Klingel zu betätigen. Der Hund muss so viel Zeit zwischen zweimal Klingeln haben, dass er es schafft, einen Click dafür zu bekommen. Er macht das Richtige und geht ins Bettchen.

Jeder, der aus dem Haus geht, klingelt. Aber nur, wenn ein anderer daheim ist und sofort mit dem Hund auch übt! Nach und nach verliert der Hund das Interesse an der Türklingel, da hier nicht viel passiert – es kommt ja kein Mensch herein. Gut so!

Wiederholungen:

Mehrmals täglich üben. Jeder Besucher oder jedes Familienmitglied, das das Haus verlässt oder heimkommt, ist ein »Übungshelfer«!

Schritt 3 – »Bettchen gehen und dort bleiben«

Sie brauchen:
- Belohnung
- einen Clicker
- einen motivierten Hund
- ein Hundebett
- einen Übungspartner & einen Besucher

Die Aufgabe lautet:
Der Hund soll bei Ertönen der Haustürklingel sein Bettchen aufsuchen und dort bleiben.
Das Ziel ist, dass er lernt, im Bettchen zu bleiben, bis ein »Aufhebungskommando« (Signal) kommt.
Dies bitte auch, während der Übungspartner seinen Besuch empfängt.

Wann wird geclickt?
Am Anfang: Sowie der Übungspartner mit seinem Besuch spricht und der Hund dabei trotz-

dem im Bettchen bleibt. Immer in der Sekunde, in der der Hund es trotz der Steigerung des Schwierigkeitsgrades schafft, das Erwünschte zu zeigen (trotzdem im Bettchen zu bleiben) = **C&B**!

Je nach Reaktion des Hundes muss hier geschaut werden, wo angefangen werden muss.
Regt sich der Hund schon auf,
- wenn er die Stimmen hört?
- wenn der Besuch vor der Haustür steht?
- wenn der Besuch durch die Haustür kommt?
- wenn der Besuch im Flur steht?
- wenn der Besuch sich in der Wohnung bewegt = er in das Zimmer hereinkommt?
Diese Reihenfolge steht für den eventuellen Aufbau, aber auch für die Steigerung der Übung.
Siehe unter: »Zeitfenster« & »Shaping«.

Wichtig ist:
Anfänglich sollte zu zweit geübt werden: gezielt »Besuch bekommen«, den Nachbarn bitten, kurz zu klingeln, um dann zur Tür zu kommen. Er sollte keine Angst haben, aber es sollte auch kein Risiko für ihn bedeuten!

Außerdem, sollte Ihr Nachbar kein negatives Erlebnis mit Ihrem Hund gehabt haben ...

Wiederholungen:
Mehrmals täglich üben, gerne 2–3 Mal. Jeder Besucher ist ein »Übungsopfer« (im netten Sinne!)!
Sie müssen so sicher werden, dass es auch klappt, wenn Sie allein sind.

Für welches Kommando Sie sich bei der Begrüßung von Besuchern entscheiden, hängt davon ab, wie Ihr Hund die Situation im Raum bewältigt.

Aufhebungskommando:
Egal was Sie dem Hund beibringen, er braucht ein Aufhebungskommando, was ihm mitteilt, dass das, was er gerade gemacht hat, aufgehoben ist und er (bis zum nächsten Kommando) »Freizeit« hat. Das Kommande kann z.B. »Lauf« sein.

Begrüßungskommando:
Bei der Begrüßung von zwei- oder vierbeinigen Freunden setze ich ein Kommando ein, was nicht für »Freizeit« steht (= der Hund darf nicht einfach machen, was er möchte), sondern er hat dadurch nur die Erlaubnis, hingehen zu dürfen.
Viele Hunde haben ein Problem damit, wenn man unterwegs Hunden oder Menschen begegnet und können dieses Zusammentreffen nicht im »Freizeitmodus« bewältigen.
Sie brauchen dafür ein Kommando, was ihnen das Hingehen erlaubt. Dabei wird auf den Hund stimmlich Einfluss genommen. So ermöglicht man ihm eine »stressfreiere« Begegnung.

Anleinen

Wenn der Hund merkt, dass ein Spaziergang ansteht, wird er häufig vor Freude hektisch. In dem Moment ist es nicht leicht, ihn anzuleinen, und oft geht der Mensch dem Hund hinterher und redet auf ihn ein, endlich Ruhe zu halten. Völlig unnötig ... Es könnte ganz anders ablaufen.

Wenn hier auch die Motivation als Belohnung eingesetzt wird, haben wir sehr schnell einen ruhigen Hund, der darauf wartet, angeleint zu werden.

Sie brauchen:
- **Belohnung**
- **einen Clicker**
- **einen motivierten Hund (mit Halsband)**
- **eine Leine**

Nehmen Sie die Leine in die Hand und warten Sie den nächsten Schritt des Hundes ab.

Die Aufgabe lautet:
Der Hund soll sich beruhigen und auf das Anleinen »warten«.

Das Ziel ist, dass er lernt, wenn er mit rausgehen möchte, muss er sich erst ruhig verhalten und das Anleinen abwarten.

Wann wird geclickt?
Am Anfang: Sowie der Hund auf einer Stelle ruhig bleibt (er steht kurz still) = **C&B**.

Die Steigerung: Bei jedem Schritt das »Zeitfenster aufmachen«, damit das gezeigte Verhalten länger beibehalten wird.

1. Er setzt sich hin = **C&B**.
   Er setzt sich hin und bleibt länger sitzen (nach dem Hinsetzen kurz abwarten, aber nicht zu lange!) = **C&B**.
2. Er setzt sich hin und wartet, bis er angeleint wird = **C&B**.
3. Er sitzt angeleint und wartet, bis das Aufhebungskommando kommt.

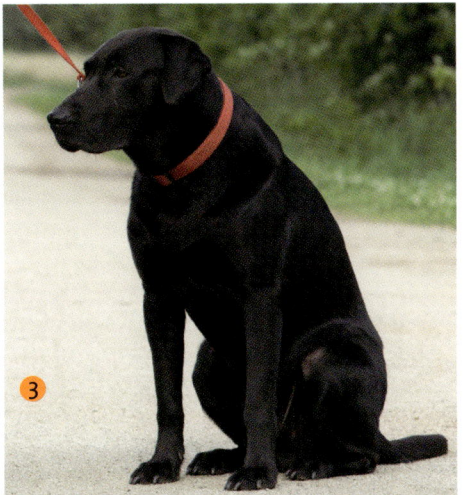

Die größte Belohnung kommt nach dem Anleinen = rausgehen!
Bis es aber soweit ist, muss auf ruhiges Verhalten gewartet werden!

Wichtig ist:
Dem Hund nicht mit Worten/Ansprache helfen. Viel Geduld mitbringen.
Da Sie die Motivation als Belohnung einsetzen, darf der Hund zwischendurch nicht auf »seine Art« (Hektik und Unruhe) Erfolg haben, da die Motivation dieselbe Belohnung ist, die Sie benutzen!

Wiederholungen:
Jedes mal, wenn der Hund mitkommen soll, wird er angeleint, also wird immer geübt!

Tipp:

➡ Konditionieren Sie ihn später auf den Haken von der Leine! Nicht nur einmal mit dem Haken ein Geräusch erzeugen, sondern lieber zweimal kurz hintereinander. Dadurch ist es für den Hund besser zu erkennen und trotzdem auffallend anders. Ein weiterer Vorteil ist, dass der Hund die Leine als etwas Positives sieht und sich auch eher anleinen lässt. Wäre doch gut, oder?

Körperpflege

Es wird häufig versäumt, den Hund schon im Welpenalter daran zu gewöhnen, überall angefasst und mit den Händen untersucht zu werden. Dies fällt oft erst später, bei einem Tierarztbesuch auf! Somit hat dann auch der Tierarzt in Zukunft mit dem Hund zu kämpfen – das macht es aber auch nicht besser.

Diesen Stress kann man wirklich gut umgehen, indem man sich im Voraus kümmert und es übt.

Wenn der Hund aber bereits ein Problem bei der Körperpflege hat, kann der Clicker schneller helfen, als nur die Stimme. Hat der Mensch dabei Stress, kommt die Stimme nicht überzeugend. Wie soll dann sekundengenau und konsequent gelobt werden?

Es gibt unterschiedliche Situationen bei der Körperpflege, in denen mit dem Clicker eine eventuelle Erleichterung geschaffen werden kann, z.B. Zähneputzen, das Fell bürsten oder kämmen, Ohren reinigen, Zecken entfernen, usw.

Übungs-Beispiel: Krallen schneiden
Sie brauchen:

- **Belohnung**
- **einen Clicker**
- **einen hungrigen Hund** (evtl. mit Maulkorb)
- **Krallenschere**

Die Aufgabe lautet:
(Je nach Können.)
Der Hund lässt den Menschen die Pfote anfassen, später auch die einzelnen Ballen. Oder der Hund soll die Krallenschere in der Nähe der Pfote dulden.

Das Ziel ist, dass er sich die Krallen schneiden lässt.

Wann wird geclickt?
Am Anfang: Überlegen Sie, wo (bei welchem gezeigten Verhalten) Sie anfangen müssen (siehe Shaping).

Der Hund knurrt, wenn Ihre Hand in die Nähe seiner Pfoten kommt?
Dann
– Ihre Hand kommt in die Nähe und wenn er noch nicht knurrt = **C&B**.
– Die Nähe zwischen Hand und Pfote wird in kleinen Schritten geübt und aufgebaut, bis Sie ihn anfassen können = **C&B**.

Beispiel für weiteres Vorgehen:
1. Beim Blick auf und die Annäherung der Krallenschere = **C&B**.
   Beim Beschnüffeln und Anstupsen der Krallenschere = **C&B**.
2. Die Pfote ruhig in der Hand halten = **C&B**. Zeit steigern = **C&B**, dann berühren = **C&B** und festhalten können = **C&B**.
3. Die Pfote in der Hand halten und mit der anderen Hand die Schere hochheben können = **C&B**. Bis man mit der Schere die Pfote streicheln kann = **C&B**.

4. Die Schere bewegt sich = **C&B**! Öffnen und schließen (**C&B**), sowie an mehreren Krallen anlegen können (**C&B**), aber nicht knipsen!
5. Abschneiden, aber erst kleine Stücke = **C&B**.

Wichtig ist:

Langsam aufbauen. Kurze Übungseinheiten und immer mit Erfolg für den Hund (Jackpot) aufhören.

Wiederholungen:

Hier siegt die Zeit und das konsequente Üben. Es lohnt sich auf jeden Fall, mit dem Hund ein Mal am Tag über einen längeren Zeitraum zu üben.
Damit senkt sich der »Stresszustand« des Menschen, und erst dann kann mehrmals am Tag geübt werden!

Bellen

Leider wird im Anfangstadium nicht auf den Hund eingewirkt. Somit steigert sich das Bellen häufig – der Mensch hat keinen besondere Einfluss mehr darauf. Das Komische daran ist: Wenn der Mensch merkt, dass er keinen Einfluss mehr hat, lässt er den Hund meistens bellen! Oder er sperrt ihn weg!
Um harmonisch miteinander zusammenzuleben ist es einfacher, den Hund umzuerziehen. Es tut dem Hund gut, wenn er im Rudel eine Aufgabe bekommt. Die Aufgabe »melden, wenn etwas Ungewöhnliches passiert«, wollen wir Menschen eigentlich auch gerne vom Hund haben.
Ein eventueller Einbrecher soll ja schließlich von dem Bell-Geräusch abgeschreckt werden – oder nicht!?

Sie brauchen:

- **Belohnung**
- **einen Clicker**
- **einen motivierten Hund**

Überlegen Sie selbst – jetzt wissen Sie sicherlich, wie Sie vorgehen können ... Probieren Sie es doch erst selbst aus.
Und, haben Sie jetzt ein Gefühl für das Vorankommen mit Hilfe des Clickers?
Wenn nicht, auch nicht schlimm. Wir wissen ja schon: Lernen braucht seine Zeit.

Die Aufgabe lautet:

Der Hund soll merken, das es clickt, wenn er still ist = es lohnt sich, still zu sein.

Das Ziel ist, dass er eher das Still anbietet, wenn Sie in die Nähe sind. Später (mit Signalverknüpfung) lernt er, auf Kommando mit dem Bellen aufzuhören.

Wann wird geklickt?

Am Anfang: Immerbestärkung, C&B, sofort beim Stillsein. Gerne mehrmals gleich hintereinander, um das Verhalten »STILL« beizubehalten.

Die Steigerung: Später steigert man langsam den Abstand zum Hund. Es geht sehr gut, mit dem Clicker über Distanz zu arbeiten, da der Hund anfangs zum Mensch herankommt, um die Belohnung abzuholen.

Später baut man das Signal (Kommando) ein, z.B. Schluss!

Wichtig ist:

Bloß nicht das Bellen mit dem Clicker bestätigen! Den Hund dort, wo er gerne bellt (z.B. im Garten oder im Hof), niemals sich selbst überlassen!

Wenn Sie vorhaben, das Bellen umzuwandeln in »Auf-Kommando-still-Sein«, müssen Sie an-

wesend und vorbereitet sein! Ansonsten belohnt der Hund sich jedes Mal selbst, da das Bellen nicht langweilig ist.

→ Das Signal muss ein Wort sein, das man sonst im Umgang mit dem Hund nicht benutzt. Viele machen den Fehler, das Wort AUS zu benutzen. Leider wird dasselbe Wort für AUFHÖREN und HERGEBEN vom Menschen eingesetzt. Somit denkt der Hund beim Bellen, dass der Mensch »mitmacht«/»mitbellt« – da das Wort als Abbruch nicht verstanden wird. Bitte denken Sie darüber nach.

Wiederholungen:

Mehrmals täglich üben!

Stress & Lernen, sowie Praxis für unterwegs

- Wann kann ein Hund nicht lernen?
- Praxis für Unterwegs
- Beschäftigung & Auslastung

Wann kann ein Hund nicht lernen?

Achten Sie auf die Zunge des Hundes: sie signalisiert hier Stress.

Wenn Sie jetzt ganz brav waren, haben Sie in Kapitel 2 den Punkt »Wie lässt sich Verhalten beeinflussen?« gut durchgelesen und können somit schon erahnen, wann der Hund nicht, oder nicht besonders gut, lernen kann.

Es gibt viele unterschiedliche Umstände, welche dazu führen können, dass der Hund in Stress gerät. Diese Umstände müssen in der Situation des Auftretens erkannt und umgehend umgelenkt oder abgebrochen werden. In diesem Moment kann der Hund nicht gut oder sogar das Falsche dazulernen. Stress kann sich u. a. äußern durch:

- Vorfreude
- Angst
- Schmerzen
- Überforderung
- zu hohe Auslastung
- körperliche Nähe

Dauerstress kann dazu führen, dass der Körper des Hundes stark belastet wird. Dies ist unter anderem zu erkennen an:

- häufigem Durchfall
- Hund ist verfressen oder ein hektischer Fresser
- Appetitmangel
- Hyperaktivität
- dem Aussehen des Fells

Bei **Angst** muss zwischen Phobie und allgemeiner Ängstlichkeit unterschieden werden, da die professionelle Hilfestellung (durch einen Tierheilpraktiker oder einen Tierarzt) und die Behandlungsdauer anders geartet sein können. Bei Hunden mit Phobien kann nicht einfach »losgeclickert« werden. Bei allgemeiner Ängstlichkeit ist zu empfehlen, professionelle Beratung einzuholen, da der Clicker erst, nach dem der Hund Hilfe von einem Tierarzt oder Tierheilpraktiker erhalten hat, Schritt für Schritt erfolgreich eingesetzt werden kann. Hier muss mit einem Tierarzt oder Tierheilpraktiker Hand in Hand gearbeitet werden, denn man wird ansonsten als Hundetrainer nicht gut vorankommen, da sicher neue angstbedingte Probleme auftreten werden.

Wenn alle Vorarbeiten bei einem ängstlichen Hund abgeschlossen sind und die Voraussetzungen stimmen, steht nichts mehr im Wege, um dem Hund mit Hilfe von Clicker-Training, in großen Schritten »nach vorne« zu verhelfen. Es kann nicht gezaubert werden, aber Vieles verbessert. Nur darauf kommt es an!

➡ Wer mit positiver und negativer Bestärkung arbeitet, muss wissen, dass bei überwiegendem Einsatz von negativer Bestärkung, die positive schwächer abgespeichert wird, da Angst überwiegt und überlagert.
Wenn ein Hund nur mitarbeitet, um die Strafe zu umgehen, kann er nicht gut dazulernen.

Praxis-Tipps für Unterwegs

Leinenführigkeit

(an der kurzen Leine bis 2,5 m)
Was ist denn überhaupt »Leinenführigkeit«?
Viele glauben, dass »Fußlaufen« gleich »Leinenführigkeit« bedeutet.
Eine Menge Hunde geraten aus unterschiedlichen Gründen unter Stress, sobald sie angeleint werden. Kein Wunder, denn an der Leine haben sie in der Regel den meisten Ärger mit ihrem Menschen am anderen Ende!

Für mich ist Leinenführigkeit: Die Länge der Leine, die der Hund vom Menschen bekommt, steht ihm auch zur Verfügung. Er muss lernen, dass er sich nur innerhalb dieses Radius bewegen kann. Und: Die Leine muss locker bleiben. Die Leinenlänge ist nach den Gegebenheiten zu variieren. Der Hund wir an der Straße kürzer geführt und bleibt somit kontrollierbarer.

Bei dieser Übung halte ich nichts davon, das gleich vorneweg, nur abzuwarten, bis der Hund die Leine (von sich aus!) durchhängen lässt. Für ihn ist alles Andere, während er zieht, so stark motivierend, dass er sich andauernd selbst belohnt. Sehr unrentabel.

Sie brauchen:

- **Belohnung** (kann hier auch die Motivation »nach vorne zu kommen« sein)
- **einen Clicker**
- **einen motivierten Hund an der Leine**

Wir müssen nun zuerst einige Punkte klären. Bitte überlegen Sie gleich beim Lesen der Fragen die Antworten!
1) Wie und wo spürt der Hund, dass er zieht?
2) Was muss der Mensch ihm beibringen?
3) Worauf muss man als Mensch achten?
4) Warum zieht der Hund an der Leine?
5) Wie kann man dagegenhalten?
6) Wann braucht der Hund eine positive Unterstützung?

Antworten und Anleitungen:
zu 1) Durch das Gefühl am Hals (Halsband) oder am Brustkorb (Geschirr).
zu 2) Dass das Gefühl tabu ist. Bei dem Gefühl macht der Mensch nicht mit.
zu 3) Dass er es immer mitbekommt, wenn es der Hund spürt. Auf das Timing achten.
zu 4) Er möchte nach vorne, gerne erster sein (MOTIVATION!).
zu 5) Was ist beim Ziehen die Motivation für den Hund? Antwort: Nach vorne zu kommen. Also gehen Sie nicht mit nach vorne, sondern nach hinten (rückwärts!). Der Hund will absolut nicht mit Ihnen nach hinten laufen?
Sie gehen so lange rückwärts, bis der Hund aufgibt (es soll für ihn ja auch demotivierend sein) zu ziehen und dadurch die Leine durchhängt. Jetzt gilt sofort C&B und zur Belohnung nach vorne zu gehen. Bevor der Hund wieder in die Leine geht und zieht, wird die durchhängende Leine sofort mit C&B unterstütz. Es geht um Sekunden, mehr dazu unter Nr. 6.

Achtung!

➡ Der Hund muss die Übung verstehen können! Also nie im Voraus rückwärtslaufen, sondern der Hund muss, durch seinen Fehler (zu ziehen), merken, dass er der Auslöser für das Verhalten (rückwärtslaufen) des Menschen ist!

Nach mehrmaliger Wiederholung kann es passieren, dass der Hund anfängt, mit schiefer Körperhaltung, super gelangweilt kurz Richtung Mensch zu gehen, damit die Leine durchhängt und der Mensch endlich wieder nach vorne geht! Dabei zeigt er sich aber überhaupt nicht interessiert. Dieses ignorante Verhalten sollten Sie nicht zulassen. Sie gehen jetzt so lange rückwärts, bis Sie der Hund kurz anschaut und dadurch Kontakt zu Ihnen aufnimmt.

Sollte der Hund absolut nicht reagieren, dürfen Sie kurz mit einem netten Geräusch (z.B. leiser Pfeifton) die Aufmerksamkeit auf sich lenken. Diese »Hilfe« sollten Sie wirklich nur im Notfall nutzen, da das Geräusch sonst wie ein Kommando auf den Hund wirkt. Jetzt heißt es für Sie, überaus konsequent durchzuhalten und das Ganze immer wieder durchzuziehen!

➡ Warum sollen Hunde, die monatelang (oft jahrelang) mit dem Ziehen Erfolg hatten, damit innerhalb kurzer Zeit aufhören? Wer hat den längeren Atem – Hund oder Mensch? Ich glaube an Sie, aber ich kenne die Hunde!

Steigerung: Beim Ziehen bleibt der Mensch so lange stehen, bis der Hund sich wieder besinnt und die Leine durchhängen lässt. Dazu muss er die Übung aber schon kennen und beherrschen. Gut bei Hunden mit Konzentrationsproblemen – hierdurch kommen sie wieder zu sich.

zu 6) Sobald die Leine durchhängt, sonst ist die Versuchung zu groß, wieder in die Leine zu laufen. Hier müssen Sie clicken und gleich stehen bleiben (muss man nur am Anfang). Dann kommt der Hund zu Ihnen (die Leine hängt immer noch durch!), um sich das versprochene Futterstück abzuholen.

Am Anfang ist das Zeitfenster zwischen den Clicks ganz klein, je nach Ablenkung wird es größer.

➡ Wenn Sie **unterwegs clicken**, kann es am Anfang passieren, dass der Hund den Clicker vor lauter Ablenkung nicht wahrnimmt. Das ist völlig normal.
Dann den Clicker zuerst in einer reizarmen Umgebung einsetzen (am besten am Ende eines Spaziergangs). Nach dem Clicken sofort stehen bleiben und dem Hund das Futter (wenn möglich) ins Maul stecken.
Durch das »Stehenbleiben« kann der Hund seine Aufmerksamkeit besser auf den Menschen umlenken und das Click-Geräusch siegt. Somit lernt er, das Click-Geräusch auszusortieren und wird schneller darauf reagieren.

Auch in »Gesellschaft« muss Leinenführigkeit geübt werden.

Die Leine bitte so lang lassen, dass diese leicht durchhängen kann. Der Hund soll nur eine Hundelänge nach vorne kommen.

Man muss die Leinenführigkeit mit dem Clicker nicht während des ganzen Spaziergangs üben.
Fangen Sie bitte erst dort an, wo Sie die besten Erfolgschancen sehen (z.B. gegen Ende des Spaziergangs), und steigern Sie die Intensität stetig. Zu viel Ablenkung am Anfang ist nicht empfehlenswert.
In meiner Hundeschule wird dies gleich bei den Junghunden (in der Zweiergruppe) mit eingebaut. So kann jedes Mal auf eventuelle Fehler eingegangen werden. Die Hunde lernen in Gegenwart von Artgenossen, dass der Mensch doch interessanter sein kann.
Aber: Ohne vorheriges Spielen und Toben wäre diese Übung am Anfang nicht gut durchführbar ...

→ Das Ziehen an der Leine wird den Hunden meistens schon im Welpenalter von den Menschen beigebracht! Ja, Sie haben richtig gelesen.

→ Überlegen Sie doch mal: Wie sieht es aus wenn jemand mit einem angeleinten Welpen auf Sie zukommt?
Meistens so: Der Welpe zieht (!) an der Leine und geht (»gräbt« sich nach vorne) im Zick-Zack von links nach rechts und umgekehrt.
Der dazugehörige Mensch geht freudestrahlend hinterher. Stimmt es?
Der Hund wird praktisch darauf konditioniert – Leine = ziehen!
Schade, es könnte doch viel einfacher sein ...

Abrufen: Hier

Es ist das wichtigste Kommando und bleibt es ein Hundeleben lang. Mit der Unterstützung des Clickers ist es viel einfacher, dieses Kommando für den Hund »einladend« zu gestalten!

Ich sehe es als ein »Zwangskommando« an, was bedeutet, dass der Hund lernen sollte, dass er es ausführen muss!
Um dies zu erreichen, lernt der Hund es, während er an der Schleppleine geführt wird (Freilauftraining). Wir müssen die Übung so interessant aufbauen, dass er das Kommando »automatisch« ausführt.

Wichtig: Bei Fehlern hat der Hund, wegen des Schleppleinen-Einsatzes, keinen Erfolg! Er wird immer wieder nur lernen, dass es sich lohnt, mitzumachen.

 Wer die Übung mit einem freilaufenden Hund anfängt, muss damit rechnen, erst nach mehrmaligem Rufen überhaupt eine Chance zu bekommen = falscher Aufbau.

Wie war das? Sie müssen dem Hund helfen, es richtig machen zu können!

Sie brauchen:

- **die Belohnung schon in der Hand** (ausnahmsweise)
- **einen Clicker**
- **einen hungrigen Hund, an der 10-m- Schleppleine**

Die Aufgabe lautet:

Der Hund soll auf Sie zulaufen (... und sich vor Sie hinsetzen).

Das Ziel ist:

Er kommt gerne und sofort zu Ihnen gelaufen (gerannt)!

Wann wird geclickt?

Am Anfang: Sobald die Handlung das »Auf-Sie-Zulaufen« gezeigt wird ..., wobei ich hier auch das Hinsetzen haben möchte, wenn der Hund vor mir steht. Dabei arbeite ich mit einem der umstrittenen Doppel-Clicks = erst beim zweiten »Click« kommt die Belohnung. Das hat einen guten Grund.
Mehr dazu gleich.

Bevor Sie anfangen, machen Sie bitte eine kurze Trockenübung ohne Hund.
Um es für den Hund interessant zu machen, »erwischen« wir ihn, wenn er unaufmerksam ist, bringen ihn dazu, auf uns »hereinzufallen« und setzen die Körpersprache, den Clicker und die Belohnung ein.

 Hier ist kurz Vorsicht geboten, damit er sich nicht bei dem folgenden Leinenruck an der Leine verletzt.
Es reicht aus, in dem Moment, in dem es einen (ganz kurzen) Ruck gibt, auf einmal viel langsamer zu werden, um danach gleich wieder Tempo zu machen. Wenn wir schnell weglaufen, machen wir uns für den Hund eher interessant!

2) Bevor uns der Hund (vor lauter Begeisterung über seinen rennenden Menschen!) überholt, drehen wir uns um, laufen rückwärts und sprechen dabei den Hund an (während er die Handlung – das »Auf-uns-Zulaufen« ausführt).

Hier kommen keine Kommandos, sondern ein paar Worte, die dazu animieren, weiterhin schnell auf den Mensch zuzulaufen, z.B. ja wohl, klasse, etc.

Bitte den Hund nicht »vollquatschen«!

➡ Auf gar keinen Fall gelangweilt und langsam rückwärtslaufen! In Bewegung bleiben, bis der Hund auch wirklich bei Ihnen angekommen ist.

1) Der Hund ist an der Schleppleine (10 m; bei einer längeren Leine, würde es zu lange dauern, bis er auf den weglaufenden Mensch reagieren muss!).

Wir überraschen ihn mit einem kurzen Leinenruck, wenn er unaufmerksam ist, indem wir in die entgegengesetzte Richtung von ihm weglaufen.

Nach dem leichten Ruck, soll der Hund den Rücken des Menschen rasch zu sehen bekommen, da dies das Hinterherlaufen sofort auslöst.

Während er auf Sie zurennt – clicken!
Er handelt richtig.
Handlung und Click gleichzeitig = Assoziation beim Hund!

3) Sowie er bei Ihnen ankommt, bleiben Sie stehen und haben dabei (ausnahmsweise) beide Hände nebeneinander vor Ihrem Körper. Der Hund setzt sich dort ab, wo die Hand mit Futter ist.

Sie warten, bis er sich (von sich aus!) setzt = **sofort C&B**!
Nun geben Sie Ihr Aufhebungskommando, z.B. Lauf, um den Hund aus dem Kommando zu nehmen, bevor er sich selbst erlöst. Sie laufen ebenfalls in einem normalen Tempo los.

Die Steigerung: Hier wird Ablenkung mit eingebaut.

Doppel-Click:
Bei der Hier-Übung bekommt man die Handlung (auf den Mensch zulaufen) sehr schnell umgesetzt, also muss die Unterstützung mit dem Clicker dazukommen. Das Futter kann dem Hund aber nicht gegeben oder hingeworfen werden, aus diesem Grund müssen wir warten, bis er bei uns angekommen ist. Dass er sich dabei auch noch hinsetzt, ist noch mal einen Click wert!
Außerdem hat der erste Click für ihn oft einen Aha-Effekt, falls er, auf dem Weg zu uns, beinahe doch noch abgelenkt worden wäre ... – »Ach ja, da war doch was.«
Der Doppel-Click wird häufig am Anfang eingesetzt. Ist die Übung weiter fortgeschritten, kommt der Doppel-Click nur, wenn es gerade notwendig sein sollte.

Zauberwort:
Dieses wird bei der Signaleinführung (die hier sehr früh dazukommen kann) gebraucht.
Der Hund kennt das Kommando HIER schon zur Genüge (hören wir sogar andauernd in den Welpenstunden!) und hat gelernt, dass man es auch ignorieren kann.
Das, was der Hund aber während der Übung macht, ist das Ausführen des Kommandos

HIER. Also bin ich dafür, dass das alte Kommando wieder neu trainiert wird. Dies geschieht relativ einfach und kann bei allen »alten« Kommandos, die neu erlernt werden sollen, auf diese Weise umgesetzt werden; vor dem »alten« Kommando (Hier) ein neues Wort setzen, z.B. Schau = »Schau-Hier!«

Wobei die Betonung auf dem »i« liegen sollte = »Schau hiiier!!«

> Wenn wir zuhause etwas Besonderes für den Hund haben, sagen wir häufig »Schau mal«.
> Es wird auch noch nett ausgesprochen, und dadurch reagiert der Hund oft schon neugierig auf solche Wörter ...

Wenn der Hund die Handlung sehr zuverlässig zeigt, kann das erste Wort (in diesem Beispiel: Schau) wieder weggelassen werden.

Viele, die nicht vorhaben, irgendwelche Prüfungen mit ihren Hunden zu machen, behalten es gerne bei, da es für den Hund, wie ich es nenne, zu einem »Zauberwort« geworden ist. Und es funktioniert sehr gut.

Signaleinführung?

Das Signal (Kommando) kommt am Anfang, immer noch während der Handlung = wenn der Hund auf Sie zurennt.

Erst wenn Sie das Gefühl haben, er hat es gut verknüpft und führt es zuverlässig aus, wird im Voraus gerufen. Siehe unter: Kapitel Nr. 4, »Signaleinführung«.

Pfeife einsetzen?

Ja, gerne! Der Hund kann damit viel besser »erreicht« werden.

> Die Hunde lernen häufig, bei der Stimme des eigenen Menschen wegzuhören, weil da so viel bei ihnen ankommt, was überhaupt nicht interessant für sie ist ...
> Ich weiß, die Wahrheit tut weh!

Wann soll der Pfeifton zu hören sein? Während der Hund auf Sie zuläuft, aber nach dem Kommando »Schau-Hier«.

Tipp:

Empfehlenswert ist es, **einen eigenen (persönlichen) Pfeifton** einzusetzen. Der Vorteil ist,

dass ihn niemand imitieren kann. Auch wenn jemand den Pfeifton nachmacht, hört der Hund sehr gut heraus, wer nach ihm pfeift.

Es hat sich herausgestellt, dass eine Pfeife, die der Mensch selbst hören kann, besser ist, z.B. eine Büffelhornpfeife. Aber auch hier ist es möglich, einen »eigenen« Ton hinzubekommen, wenn man statt nur einmal (was sowieso nicht zu empfehlen ist), zweimal kurz hintereinander hineinbläst.

Die Fehlerquoten bei den sogenannten »hörlosen« Pfeifen sind enorm.

Wiederholungen:

Es wird bei jedem Spaziergang an der Schleppleine geübt, aber höchstens alle 15 Minuten ein Mal erfolgreich abgerufen. Rufen Sie bitte auch nur dann, wenn Sie ziemlich sicher sind, dass die Übung Erfolg haben wird. Nur dann wird es dem Hund auch in guter Erinnerung bleiben und Sie können zielsicher steigern. Ganz wichtig: Es muss dem Hund Spaß machen!

Anmerkung:

Bei älteren Hunden empfiehlt es sich, vor dem Schleppleinentraining, mit dem Training an einer 5-Meter-Leine zu beginnen.

An einer Schleppleine muss der Hund zuerst lernen, sich in seinem Radius (je nach Länge – 10 oder 12 Meter, etc.) zu bewegen. Er muss lernen, dass er nicht in die Schleppleine reingehen und ziehen darf. Für die Hier-Übung muss er dieses aber noch nicht zu 100 % beherrschen!

Hundebegegnungen

Probleme bei Hundebegegnungen sind der häufigste Grund für Einzelunterricht in Hundeschulen. Leider wird viel zu lange gewartet, bis man sich professionelle Hilfe sucht. Bis dahin hat der Hund leider viel zu viel an Erfahrungswerten gesammelt, wodurch der Weg aus diesem »Kreis« hinaus sehr lang wird.

Die häufigste und »schlechteste« Empfehlung, die man hier bekommen kann, ist, ein sogenanntes »Stachelhalsband« einzusetzen (!). Erinnern Sie sich noch? Kapital 3, »Positive Bestrafung«.

Die Verknüpfung beim Hund sieht häufig völlig anders aus, besonders, wenn der Mensch das Halsband bei Hundebegegnungen wegen des schlechten Benehmens des eigenen Hundes an der kurzen Leine einsetzt.

Der Hund verknüpft hier eher, dass der entgegenkommende Hund an seinen Schmerzen Schuld ist, da er diese immer dann verspürt, sowie ein anderer Artgenosse ihm zu nahe kommt!

Wenn jetzt noch mehr Schmerzen und außerdem viel Ärger, in Form von Anschreien und Bedrohen, vom eigenen Menschen dazukommen – wie soll sich das Verhalten hier noch bessern können?

> Wenn ein »Hilfsmittel« – in welcher Form auch immer – eingesetzt wird, muss der Mensch darauf achten, dass es der Hund versteht (richtig verknüpft).
> Dadurch wird eine Besserung und keine Verschlechterung beim Hund stattfinden – für den Hundebesitzer eigentlich leicht zu erkennen.

Wenn Ihr Hund schon große Probleme bei Hundebegegnungen hat, sollten Sie sich professionelle Hilfe holen.

Ersatzverhalten:

Der Hund ist bei jeder Hundebegegnung für kurze Zeit voll im Stress – und es wird nur schlimmer, anstatt besser. Das Einzige, was hier auf Dauer sehr gut wirkt, ist, wenn er die Chance bekommt, ein Ersatzverhalten zu erlernen. Was kann der Hund anstatt zu bellen, knurren, etc. anderes tun?

Er muss den Stress, den er empfindet, abbauen können und braucht eine für ihn passende Alternative. Anfänglich sind es häufig Übungen, die mit Laufen zu tun haben. Beim Stressabbau ist das Ziel, dass der Hund sich auf seinen Menschen konzentrieren kann und so ruhig wird, dass er sogar GUCK anbietet.

Je nach Hund und Mensch, ist das ein langer Weg. Aber es lohnt sich immer!

Falls Ihr Hund schon ein Ersatzverhalten erlernt hat oder sein negatives Verhalten gerade erst in den Anfängen steckt, können Sie mit einem Clicker sehr wohl das richtige Verhalten vom Hund erfolgreich »einfangen«.

> → Beim Aufbau eines Ersatzverhaltens fange ich erst mit dem Training an der 5-Meter-Leine an.
>
> Das Ziel ist es, dass der Hund sich an seinem Menschen orientiert, und der Mensch lernt, ruhig zu werden ... Fehlverhalten des Hundes ignoriert er einfach ...

So bitte nicht! Wie könnte eine Begegnung zwischen zwei Hunden besser ablaufen?

Sie brauchen:

- **Belohnung** (muss für den Hund sehr interessant sein!)
- **einen Clicker**
- **einen hungrigen Hund**

Der Clicker ist unsichtbar einsatzbereit und das »Fleisch« in greifbarer Nähe!

Die Aufgabe lautet:

1. Der Hund soll es immer wieder schaffen, wegzuschauen.
   Er soll den entgegenkommenden Hund nicht andauernd anschauen.
2. Der Hund soll es schaffen, zu seinem Menschen Kontakt aufzunehmen. (Kann auch sein: in Ihre Nähe kommen, in Ihre Richtung laufen, auf Sie zulaufen)

Das Ziel ist:

1. Dass er es sich »leisten« kann, wegzuschauen.
2. Dass er Sie anschaut.

Hier verhält sich der Mensch richtig. Er hat eine »Pufferzone« zwischen seinem und dem anderen Hund eingebaut. Der Hund wird dabei rechts geführt.

Wann wird geklickt?

Am Anfang:
In der Sekunde, in der er wegschaut = **C&B**!

Die Steigerung:

1. Wenn er es schafft, Sie länger anzuschauen (GUCK anbietet).

2. Wenn er Ihnen sogar während des Laufens die ganze Zeit das GUCK anbietet. Hierbei braucht er Ihre stimmliche Unterstützung.

Wichtig ist:

Fehlverhalten, z.B. zwischendurch in Richtung des entgegenkommenden Hundes zu rennen, wird vom Menschen ignoriert. Voraussetzung dafür ist natürlich, dass der Hund dort nie ankommt! Hierbei auf Abstand und auf die Länge der eigenen Leine (Schleppleine) achten!

Der Hund darf es nicht falsch »verstehen«/verknüpfen. Sollte er sich z.B. so über den anderen Hund freuen, dass er in dessen Richtung rennt, um anschließend freudestrahlend auf Sie zurückzuschießen, glaubt er vielleicht, dass Sie sich freuen, wenn er den anderen Hund anbellt.
Ihr Gefühl/Gespür wird es Ihnen sagen. Hier kann es am falschen Timing liegen. Wenn Sie unsicher sind, ob Sie es richtig umsetzen, bitten Sie jemanden, es sich von außen anzuschauen. Eigene Fehler erkennt man selbst nicht immer so leicht.
Bei Rückschlägen nicht aufgeben. Seien Sie konsequent, und haben Sie viel Geduld! Auch das Umlernen braucht seine Zeit (Wiederholungen und Erfolge).

Wiederholungen:

Gehen Sie bei den Steigerungen nicht zu schnell voran. Bei jedem Spaziergang, bei dem Hunde in Sichtnähe auftauchen, wird geübt. Sie brauchen für die einzelnen Schritte häufig 5–7 Tage mit den entsprechenden Wiederholungen.

Bei diesem Problem, muss der Clicker lange eingesetzt werden, da die Situationen sich sehr kurzfristig und häufig ändern. Das Üben lohnt sich aber wirklich.

Bitte die Doppelführung der Leine beachten.

Tipp:

→ Halten Sie zum anderen Hund genügend Abstand! Ob der Abstand ausreicht, können Sie an dem Verhalten Ihres Hundes erkennen. Sollten Sie 10 Meter Abstand brauchen, damit Ihr Hund sich auf Sie konzentrieren kann, dann ist das häufig der Anfangsabstand, in dem Sie arbeiten müssen. Das Ziel für Sie lautet, diesen Abstand soweit zu verringern, dass Sie, wenn es eng wird, mit Ihrem Hund an anderen Hunden »entspannt« vorbeikommen.

Kopfhalfter (auch Halti genannt):

Hilfsmittel, wie ein Kopfhalfter, mit dem der Hund langsam vertraut gemacht wurde, inklusive dem dazugehörenden Training (der Umgang mit einem Kopfhalfter!), sind sehr empfehlenswert.

Der Hund muss mit seiner (selbst antrainierten) Strategie, mit dieser Stresssituation umzugehen, Misserfolg haben! Erst dann wird der Mensch mit seinem »Ersatz« gut an den Hund rankommen. Hier ist ein Kopfhalfter sehr hilfreich.

Wenn Sie das Kopfhalfter kaufen, müssen Sie es Ihrem Hund unbedingt anprobieren dürfen! Jeder Hundekopf ist anders gebaut. Wenn das Halfter überall zwickt, wird der Hund sich nie daran gewöhnen können.

Ziehen Sie dem Hund das Halti mit Hilfe eines Futterstücks an: Der Hund geht – durch ein Futterstück gelockt – **selbst** mit der Nase durch den vorderen »Riemen«!

Gleich nach dem Sie den Verschluss zugemacht haben, kommt (am Anfang) sofort das nächste Futterstück. Vor dem Geräusch des Verschlusses an ihrem Ohr bekommen viele Hunde Angst. Diese Angst äußert sich oft erst nach einer gewissen Zeit. Irgendwann wehren sie sich dann schon beim Anziehen gegen das Halti.

Sie können die Gewöhnung eines Kopfhalfters natürlich gerne mit dem Clicker aufbauen. Gerade das Durchstecken der Hundenase ist mit dem Clicker sehr gut aufbaubar.

Für das Halfter brauchen Sie eine leichte Leine mit zwei Haken zur Doppelführung. Die Haken haben unterschiedliche Größen. Dabei wird der kleinere Haken unter der Schnauze am Halfter eingehakt und der größere an einem Halsband befestigt, welches sich nicht zuziehen darf.

Durch die Doppelführung brauchen Sie eine 2,5 Meter lange Leine. Ihr Hund soll auch angeleint, die Hundezeitung lesen können, ohne dass er dabei ziehen muss, um mit dem Kopf auf den Boden zu kommen!

Training in der Stadt

Zum Abschluss des Trainings an unterschiedlichem Problemverhalten ist das Üben in der Stadt für den Hundebesitzer sehr aufschlussreich.

Der Mensch hat hier in kurzer Reihenfolge Übungssituationen, die auch zu Hause täglich vorkommen, gewollt oder ungewollt. Das Wichtigste ist zu wissen, wie damit umgegangen werden muss. Oft heißt es, innerhalb von Sekunden zu entscheiden.

Der Mensch lernt in der Stadt, sich unter extremeren Bedingungen so zu verhalten, dass er seinen Hund eher unterstützt. Ohne dieses Training würde der Mensch seine eigenen Fehler nicht so gut reflektieren können.

Sie brauchen:

- **Belohnung** (muss für den Hund sehr interessant sein!
- **einen Clicker**
- **einen hungrigen Hund**

Der Clicker ist unsichtbar und die Belohnung einsatzbereit!

Die Aufgabe lautet:

Der Hund soll es immer wieder schaffen, sich auf seinen Menschen zu konzentrieren. Niemand wird fixiert und die Ohren hängen schnell wieder neutral herunter.

Prima: Der Hund schenkt seinem Menschen Aufmerksamkeit durch Blickkontakt.

Das Ziel ist:

Der Hund lernt: Die jeweilige situative Entscheidung liegt beim Menschen.

Ob sich in Hundeaugen jemand »falsch« verhält und zurechtgewiesen oder auf Distanz gehalten werden muss, darüber entscheidet der Mensch.

Somit wird der Hund lernen, sich neutral zu verhalten, egal was kommt.

Voraussetzungen:

- Hund muss leinenführig sein (Halti?)
- Rechts- und Linkslaufen, neben seinem Mensch (auf Kommando)
- GUCK beherrschen
- SITZ gerne anbieten (PLATZ ist hier nicht zwingend notwendig – kann später dazukommen)

Wann wird geclickt?

Am Anfang: In der Sekunde, in der der Hund seinen Blick abwendet. (Er hört auf, etwas zu fixieren.) = **C&B**!
In der Sekunde, in der er sich richtig entscheidet (verhält) = **C&B**

Die Steigerung:

Anschließend suchen Sie stark frequentierte Plätze auf. Am Anfang bleiben Sie unbedingt in Bewegung, da nur so für den Hund zu Beginn Stress leichter abzubauen ist. Später sollten Sie dort kurz verweilen können und dabei sogar Fortschritte machen.

Nach einer für den Hund anstrengenden Übung, setzen Sie sich – gerne etwas abseits vom Trubel – auf eine Bank (siehe Fotos rechts). Hier könnten Sie auf ein selbst angebotenes PLATZ warten = C&B.

Dieses sollten Sie zuerst durch Immerbestärkung unterstützen und ziemlich schnell das Zeitfenster für die Übung aufmachen.

Wichtig ist:

Sie dürfen den Hund nicht überfordern!
Sollte er auf einmal keine Futterbelohnung

annehmen, unterbrechen Sie das Training. Eine kurze »Pinkelpause« in einem ruhigeren Teil (Parkanlage) kann Wunder wirken. Er sollte auf gar keinen Fall toben oder einem Ball hinterherhetzen, sondern er muss sein Stressgefühl abbauen können. Wie war das noch mal? Stress ist schlecht zum Lernen!

Schauen Sie auf die Ohren Ihres Hundes. Wo liegt sein Interesse?
Egal ob Hängeohren oder nicht, Sie müssen lernen zu erkennen, wann die Ohren Ihres Hundes »hochgehen«. Von Hinten ist dies leicht zu sehen – schauen Sie gleich nach!

Wiederholungen:
Es wäre gut, zwei bis drei Mal in der Woche einen Spaziergang mit einem Training in der Stadt abzuschließen.

Der Vorteil eines vorgeschalteten Spazierganges liegt auf der Hand. Ein ausgelasteter Hund reagiert nicht so schnell gereizt. Er ist auf jeden Fall entspannter, da ein Teil seiner Bedürfnisse erfüllt sind.

Tipp:

→ Der Hund braucht Ihre Hilfe. »Postieren« Sie den Hund niemals in einer Situation, in der er völlig ausgeliefert ist, sondern schaffen Sie »Pufferzonen«. Sie sind immer zwischen dem Hund und potentieller Gefahr!

Ob der Hund das nächste Mal noch sitzen bleibt?

Im Notfall nutzen Sie eine Wand oder Ähnliches als Sicherheit. Somit muss der Hund nicht darauf achten, sich selbst zu beschützen. Er kann es Ihnen überlassen – sollte er auch! Dies muss sich der Mensch aber erarbeiten! Nicht jeder ist dazu geeignet, aber jeder kann dazulernen. Was für ein Glück für uns Hundetrainer (Menschentrainer!).

Tierarztbesuch

Gehen Sie mal ohne Tier in den Warteraum eines Tierarztes. Was sehen Sie häufig? Besonders die Hunde zeigen sich hier völlig gestresst! Es wird gebellt, gejault, herumgelaufen, gehechelt und noch mehr. Warum? Wir gehen meistens nur dann zum Tierarzt, wenn der Hund etwas hat, was eventuell behandelt werden muss.

Bevor es ins Behandlungszimmer geht, muss er einen (für ihn) relativ kleinen Raum mit fremden Artgenossen teilen. Diese verhalten sich häufig auch nicht gerade ruhig ... So entsteht auf kleinstem Raum sehr viel Stress. Dabei versuchen auch noch die Menschen – auf ihre Art – die Hunde zu beruhigen ... Anschließend bekommt der Hund zudem noch einen schmerzhaften (in diesem Moment sind die kleinsten »Sachen« schmerzhaft!) Piekser, um am Ende, an der Leine zerrend, aus der Praxis zu »flüchten«.
Was läuft hier schief? Die Umstände und die Menschen machen es dem Hund nicht gerade leicht.
Hier können Sie sehr gut mit dem Clicker eine Besserung erreichen!

 Das von mir so genannte »Tierarztsyndrom« baut sich relativ schnell auf, da wir Menschen oft selbst daran Schuld sind. Sowie der Hund Unruhe oder Angst zeigt, wird er von seinem Menschen gestreichelt. Ich weiß, der Mensch meint es nur gut und möchte den Hund beruhigen. Für den Hund bedeutet das Streicheln meist aber etwas völlig Anderes = »Feine Angst hast du!«Seine Gefühle werden dabei bestätigt.
Bitte ignorieren Sie es, wenn er sich danebenbenimmt. Loben Sie ihn sofort, wenn er sich gut verhält.
Sie dürfen Körperkontakt (z.B. durch Handauflegen) zulassen, aber ob das Streicheln gerade eine gute Idee ist ... Überlegen Sie es sich vorher bitte gut.

Sie brauchen:
- **Belohnung** (muss für den Hund sehr interessant sein!)
- **einen Clicker**
- **einen hungrigen Hund**

Der Clicker ist unsichtbar einsatzbereit und die Belohnung liegt griffbereit! Sie selbst sind ruhig und warten auf ein erwünschtes Verhalten, ohne dabei den Hund anzuschauen.

Die Aufgabe lautet:
Im Wartezimmer: Der Hund soll merken, dass es sich lohnt, etwas »Anderes« zu zeigen, und kann sich dabei selbst beruhigen.

Im Behandlungszimmer macht er durch den Clicker die Erfahrung, dass man dort auch etwas Positives erleben kann. Das liegt natürlich an Ihnen.

Das Ziel ist:

Im Wartezimmer: Der Hund soll lernen, sich nicht mehr so aufzuregen. Zudem soll er sich auch nicht mehr von den anderen Hunden anstecken lassen. Er soll sich setzen oder ablegen.

Im Behandlungszimmer: Er verhält sich ruhiger und ist nicht mehr so gestresst. Dadurch wird er in Zukunft den Tierarztbesuch als weniger furchterregend empfinden. Das ist sehr viel Wert!

Voraussetzungen:

Er bekommt keine Panik beim Tierarzt.
Er hat keine anderen Ängste, z.B. vor Menschen oder anderen Tieren.
Siehe unter: Kapitel Nr. 4/»Wann kann ein Hund nicht lernen?«.

Wann wird geclickt?

Am Anfang:
Immer in der Sekunde, in der er sich richtig entscheidet (verhält) = **C&B**.

Die Steigerung:
Nachdem er das Gezeigte eine Weile beibehalten hat, z.B. er legt sich ins PLATZ. Sie clicken erst kurz nach dem er liegt. Hierbei sollten Sie das Zeitfenster für die Übung aufmachen. Je nach Ablenkung – ausgelöst durch neue Patienten – muss eventuell ein Schritt zurückgegangen werden.

Wichtig ist:

Sie dürfen den Hund nicht überfordern!
Sollte er auf einmal keine Futterbelohnung mehr annehmen, gehen Sie bitte entweder mit ihm vor die Tür oder bringen Sie ihn zum Warten ins Auto. Hierbei bitte das Wetter beachten, der Hund muss sich wohlfühlen.

Wiederholungen:

Wenn wir mit unserem Hund »Glück« haben, müssen wir eigentlich nur ein- bis zweimal im Jahr zum Tierarzt. Zum Üben ist das viel zu wenig! Je nach dem, welchen »Erregungszustand« der Hund jedes Mal hat, entscheidet sich die Häufigkeit eines Besuches beim Tierarzt zu Übungszwecken.

Tipp:

 Hat man die Möglichkeit, lohnt es sich anfänglich zwei- bis dreimal die Woche in der Praxis vorbeizuschauen. Dort kann der Hund mit Hilfe des Clickers gute Erfahrungen sammeln, indem Sie sich (je nach Steigerung) mit ihm kurz im Warteraum hinsetzen, um ihn anschließend bei den Mitarbeitern (hoffentlich auch vom Tierarzt selbst) eine Futterbelohnung abholen zu lassen, ohne dass dabei etwas »Negatives« stattfindet.

Anmerkung:

Sollten Sie selbst nach vielen Stressmomenten bei jedem Tierarztbesuch sehr aufgeregt sein, müssen Sie daran arbeiten, sonst sind Sie keine Hilfe für den Hund. Er hat eine gute Nase – Aufregung »stinkt«!

Beschäftigung & Auslastung

Es gibt viele Beschäftigungsmöglichkeiten für den Hund, die auch mit Hilfe eines Clickers unterstützt werden können. Aber nicht alle sind für jeden Hund geeignet!

Die richtige Auswahl zu treffen, ist von mehreren Kriterien abhängig: Hundetyp, Größe, Fähigkeiten, Interessen sowie eigenen Grenzen und Möglichkeiten. Mittlerweile leiden auch Hunde unter Fehlbelastungen, die zu Schmerzen führen können.

Die Fähigkeiten und das Interesse vom Menschen darf nicht außer Acht gelassen werden.

Wenn beide, Hund und Mensch, von der Beschäftigung profitieren, wird das Training für die Zukunft auch Bestand haben!

Wer sich über die verschiedenen Beschäftigungsmöglichkeiten informieren möchte, findet eine große Auswahl an Büchern sowie entsprechende Seiten im Internet.

Ich persönlich bin ein großer Fan von »Tricks« mit dem Hund. In vielen Familien sind es häufig nur die Kinder, die diese Art der Beschäftigung mit den Hunden suchen. So lange die Erwachsenen mit einem Auge draufschauen, sollte das aus meiner Sicht auch unbedingt unterstützt werden. Es ist für beide Seiten – Hunde und Kinder – eine Bereicherung und eine nette Möglichkeit, die Bindung aufzubauen und zu festigen.

Ansonsten wird den meisten Hunden häufig nicht viel Interessantes geboten. Eine kurze Runde »um den Block« gestaltet sich für die meisten Hunde nicht besonders spannend. Zum Glück freuen sie sich aber auch darüber, »nur« die Hundezeitung lesen zu dürfen ...

Ein Grund für den Mensch, mit seinem Hund Gassi zu gehen, ist, sich von seinem anstrengenden Tag zu erholen und dabei zu entspannen. Das ist verständlich, trotzdem sollte man seinem Hund das Leben so oft wie möglich richtig interessant gestalten.

Nach meiner Erfahrung wird tagtäglich vor allem versucht, den Hund körperlich auszulasten. Dass der Hund durch entsprechende Kopfarbeit sehr schnell und für ihn wohltuend ausgelastet werden kann, das wissen die wenigsten Hundebesitzer.

 Mit dem Clicker kann der Hund nicht nur körperlich, sondern auch im Kopf ausgelastet werden! Das ist ein nicht zu unterschätzender Unterschied.

Spätestens, wenn der Mensch erkrankt und für die körperliche Auslastung des Hundes nicht sorgen kann, wird er die angenehme Erschöpfung des Hundes nach der »Kopfarbeit« zu schätzen lernen!

Dies kann vom Bett oder auch vom Sofa aus erfolgen ...

Sogar wenn der Hund selbst erkrankt, ist Kopfarbeit eine gute Lösung, ihn zu beschäftigen. Besonders dann, wenn der Hund sich nicht viel bewegen sollte.

Keine Sorge, der Hund muss nicht den ganzen Tag beschäftigt werden! Es sollte aber für Abwechslung gesorgt werden.

Dies kann man leicht erreichen, wenn man den Hund überallhin mitnehmen kann, z.B. ins Café, zu Freunden, usw. Man kann mit ihm unterwegs spazierengehen – somit gibt es für ihn neue »Anzeigen in der Hundezeitung« (Gerüche für die Hundenase!), die selbst auch ermüdend auf ihn wirken!
Nicht vergessen – ein gut erzogener Hund kann überallhin gut mitgenommen werden. Dadurch hat er zwischendurch Abwechslung und ist somit auch ausgelastet = ruhig und angenehm im Umgang, da zufrieden.

Auch ein älterer Hund macht gerne Tip-Tap!«

Danke! Tack!

Ich habe allen Grund dafür, dankbar zu sein! Was wäre dieses Buch ohne alle netten Helfer geworden? Sie dürfen nicht vergessen werden.

Als Erstes muss ich an meine zwei Männer denken, **Frank** und **Tobias**, sie haben oft auf meine Aufmerksamkeit verzichten müssen und auch noch viele zusätzliche Arbeiten erledigen dürfen. DANKE Euch beiden – ganz besonders für die tolle Bewirtung! Jetzt weiß ich, wozu Ihr noch fähig seid!

Die nächste in der Reihe ist meine liebe **Ulrike**, Frau Dr. Ulrike Hill. Aus ihrer Art heraus, mich zu dolmetschen, hat das Buch voll und ganz profitiert. Sie ist mir mit Rat und Tat zur Seite gestanden, auch wenn ich es nicht immer hören wollte (verzeih!), und hat dabei das Buch »wertvoller« gemacht. Durch den Austausch mit ihr konnte ich die tagtägliche Praxis besser in schriftliche Theorie umwandeln. Als Trainer mit jahrelanger Erfahrung handelt man häufig automatisch. Es schriftlich festzuhalten, ist trotzdem eine nette Herausforderung. Ich hoffe, sie ist mir gelungen. Danke Dir, Ulrike! Ihre zwei vierbeinigen Begleiter haben in dieser Zeit gelernt, was Geduld in der Praxis wirklich bedeutet! Zu meinem Glück war ihr Mann Wolfgang bereit – zumindest eine Zeit lang – auf seine Familie zu verzichten. Der Handybetreiber wird sich gefreut haben! Liebe **Waltraud**, was wäre aus mir und allen betroffenen Schüler der Hundeschule in dieser Zeit geworden, wenn Du nicht immer kompromisslos »eingesprungen« wärst?! Für mich war das Gold Wert – ich danke Dir dafür!

Für die lieben **zwei- und vierbeinigen Statisten** war es sicherlich nicht immer leicht zu verstehen, was ich überhaupt sehen wollte. Sie haben trotzdem mitgemacht und es mit Bravour geschafft = C&B!

Einen netten Gruß an **Bärbel** und ihre Sue! Zu meinem Glück habt Ihr vorher schon ein Foto-Shooting gehabt. Somit habe ich zweifach profitieren dürfen: ein tolles Titelfoto und eine gute Fotografin – danke für die »unkomplizierte« Zeit **Stephanie**.

Noch eins: **Astrid**, ich bin so froh, dass unser Opa Einstein Becker, in diesem Buch als Statist mitgewirkt hat. Danke, dass Ihr da wart und für Deine volle Unterstützung.

Quellen

Birgit Laser
Clickertraining
Cadmos, Lüneburg

Karen Pryor
Positiv bestärken, sanft erziehen
Kosmos, Stuttgart 1999

Martin Pietralla
Clickertraining für Hunde
Kosmos, Stuttgart 2000

Adresse der Autorin

Hundeschule »Hunde-Alltag«
Inh. Ann-Sophie Griebel
Feldstraße 4
64839 Münster (Hessen)
Tel.: 06071-32734
Fax: 06071-36962
E-Mail: info@hunde-alltag.de
www.hunde-alltag.de